高等学校教材

包装工程专业系列教材

包装动力学

BAOZHUANG DONGLIXUE

汤伯森 主 编
赵德坚 唐少炎 副主编
奚德昌 主 审

化学工业出版社
·北京·

本书主要研究包装件在流通过程中对振动与冲击环境的响应，分析内装产品在振动与冲击环境下破损的原因，并在经济的前提下提出防止内装产品破损的条件与方法。主要内容包括：振动理论基础、冲击理论基础、材料缓冲特性曲线、缓冲包装的设计方法。

本书可作为高等学校包装工程专业教材，也可供从事缓冲包装设计的工程技术人员参考。

图书在版编目（CIP）数据

包装动力学/汤伯森主编. —北京：化学工业出版社，2011.7（2025.3 重印）

高等学校教材

包装工程专业系列教材

ISBN 978-7-122-11532-4

Ⅰ. 包… Ⅱ. 汤… Ⅲ. 包装动力学-高等学校-教材 Ⅳ. TB48

中国版本图书馆 CIP 数据核字（2011）第 110702 号

责任编辑：杨 菁　　　　文字编辑：林 媛

责任校对：宋 夏　　　　装帧设计：史利平

出版发行：化学工业出版社（北京市东城区青年湖南街 13 号　邮政编码 100011）

印　　装：北京科印技术咨询服务有限公司数码印刷分部

787mm×1092mm　1/16　印张 8　字数 193 千字　　2025 年 3 月北京第 1 版第 3 次印刷

购书咨询：010-64518888　　　　售后服务：010-64518899

网　　址：http://www.cip.com.cn

凡购买本书，如有缺损质量问题，本社销售中心负责调换。

定　　价：45.00 元

前言

Preface

包装动力学是缓冲包装设计的理论基础。它研究包装件在流通过程中对振动与冲击环境的响应，分析内装产品在振动与冲击环境下破损的原因，并在经济的前提下提出防止内装产品破损的条件与方法。

本书与产品脆值理论计算属于不同的研究方向。本书所讲的缓冲包装设计，是以包装动力学为基础，以包装标准为依据，以实验室试验为主要手段的实用型设计方法。也可以说，本书所讲的缓冲包装设计是理论与试验相结合的设计方法。

包装动力学以包装件为研究对象，但它不是研究具体的包装件，而是研究从实际包装件中抽象出来的力学模型。本书以明德林提出的二自由度支座运动系统为包装件的力学模型。本书研究包装动力学的依据是美国MTS公司和密歇根大学合作开发的《缓冲包装的五步设计法》。所谓以五步法为依据研究包装动力学，意思是搞清五步法的来龙去脉，建立五步法的力学基础。虽然说包装件的力学模型只是二自由度系统，但是严格按照这个二自由度系统用解析法求解它对振动与冲击环境的响应难度仍是很大，导出的公式非常复杂，实用价值不大。所以，本书在求解包装件对振动与冲击环境的响应时，又将这个二自由度系统简化为两个单自由度系统，这种研究方法称为两步估算法。一般说来，产品中零部件很多，而产品破损则总是从易损零件开始。用矩形脉冲测试的使易损零件恰好破损的产品加速度称为产品脆值。不经试验很难判断产品中哪个零部件是易损零件，因此产品脆值不是通过理论计算，而是通过实验室试验测定的。一般来说，易损零件尺寸很小，大多又封闭在产品内部，直接测试易损零件的加速度非常困难，而测试产品加速度却非常容易，所以用产品加速度描述易损零件的破损条件。用产品加速度描述易损零件的破损条件使包装动力学理论复杂化，因而产生冲击谱、产品破损边界曲线和材料缓冲特性曲线的概念。这恰好是包装动力学的特殊性。正是由于这种特殊性使工程力学的其他分支，如理论力学、材料力学、机械振动等不能替代包装动力学，即这种特殊性使包装动力学成为包装工程专业不可缺少的一门专业基础课程。

包装动力学是缓冲包装的理论基础。缓冲包装是防护包装的一个部分。相对于运输包装来说，防护包装是另一门专业课程。运输包装研究产品的外包装和集合包装的结构与设计方法，内涵非常丰富。将包装动力学和运输包装掺杂在一起，混淆运输包装的研究对象，挤占运输包装的内容与篇幅，不利于运输包装的研究和发展。所以，将包装动力学从运输包装中分离出来，独立成册。

由于学时有限，我们借鉴了材料力学介绍应力集中理论的经验，对振动台和冲击谱只介绍研究结果和物理意义，删去了繁琐的公式推导。

本书的数学基础是包装工程专业的高等数学，本书的力学基础是包装工程专业的工程力学。

对于本书不足之处，欢迎有关专家批评指正。

编者

于湖南工业大学

2010年8月

目录

Contents

第一章 绪论

第一节 防护包装

将各种工农业产品由生产者输送给消费者的过程称为产品流通过程。不论流通过程多么复杂，它总是由装卸、运输和储存三个基本环节组成的。为了方便装卸、运输和储存，绝大多数工农业产品都要经过包装形成包装件后才能投入流通过程。包装件是由内装产品、包装容器及其附属物经过封箱和捆扎组成的物体系统。例如电视机包装件，就是由箱内电视机、缓冲衬垫、瓦楞纸箱以及封口和捆扎材料组成的系统。如果包装不善，产品就有可能在流通过程中损坏。所谓损坏，指的是使产品降低甚至丧失它原有的价值的各种现象。由此可见，包装又具有保护内装产品、防止其损坏的功能，这种功能简称为包装的防护功能。以实现防护功能为主的包装称为防护包装。设计包装的防护功能应以经济为前提。所谓经济，就是以最少的包装费用完善包装的防护功能，将产品在流通过程中的损失降低到最低限度，使产品通过包装能取得最佳的经济效益。正是“经济”这个前提促使人们将包装的防护功能视为一门科学而认真地进行研究。

流通过程中导致产品损坏的各种外因称为流通环境。产品固有的物理、化学和生物学性质称为产品特性。产品特性是导致产品损坏的内因。外因要通过内因才能起作用，所以不同特性的产品在相同的流通环境下会产生不同形式的损坏。如瓷器由于受到振动与冲击而破碎，食品由于微生物的作用而发霉和腐烂等，都可以称之为损坏，但是它们损坏的形式与机理是根本不同的。包装的防护功能研究产品特性、流通环境、产品损坏的形式与机理以及防止产品损坏的条件与方法。由于产品的损坏有多种形式，因而包装的防护功能又有许多分支，如缓冲减振、防锈、防霉、防腐、保鲜、防火防爆等。在防护功能的各个分支中，最为人们关注的是包装的缓冲减振功能。这是因为在产品损坏的各种形式中由于振动与冲击而造成的破损最为常见，由此而造成的经济损失在产品损坏的各种形式中居首位。

破损是个力学概念。产品由于振动与冲击而损坏，究其原因，是产品受力太大。为了与其他形式的损坏区别开来，将产品由于受力太大而引起的机械损坏称为破损。零部件的断裂、塑性变形、疲劳破坏、松动脱落等，是产品破损的一些常见形式。

第二节 振动与冲击

物体在其平衡位置附近所作的来回往复运动称为机械振动，简称振动。促使物体振动的各种外因称为激励，而物体的振动则是对各种激励的响应。物体振动的内因是它具有一定的质量和弹性。物体振动时总会受到各种阻力，如空气的阻力、材料的内阻、物体间的摩擦等，这些阻碍物体振动的因素统称为阻尼。物体的质量、弹性和阻尼决定了它的振动特性。

不同的物体具有不同的振动特性，因而在相同的激励下有不同的响应。物体突然受到短暂而又强烈的动态力作用时，其运动状态在极短的时间内发生急剧的变化，这种现象称为冲击。只有应用振动理论才能确切地分析物体受冲击时的运动规律，所以冲击与振动属于同类问题。冲击与振动的区别在于激励的持续时间。相对物体的固有周期而言，振动是长时间的持续激励引起的，而冲击则是短暂的瞬态激励造成的。

各种工农业产品经过包装形成包装件后，要用车、船、飞机输送到国内外市场去。车、船、飞机运行时都有明显的振动，并通过包装将其振动传递给内装产品。就包装件而言，车、船、飞机的振动就是持续的激励。工人装卸货物时，由于不慎有可能造成包装件的跌落，落地的包装件突然受到地板的约束，其运动状态发生急剧变化，因而使内装产品受到强烈的冲击。地板对包装件的这种作用就是短暂的瞬态激励。各种机动车和装卸机械都有开车、停车和紧急刹车，飞机有起飞和着陆，轮船在海上航行时有可能遇到风暴，铁路列车编组时也有强烈的撞击。在这些情况下包装件都会受到冲击，内装产品的运动状态都会在极短时间内发生急剧的变化。

产品在流通过程中对各种激励的响应，如位移、速度和加速度的变化，既取决于外因，又取决于自身的振动特性。产品振动时的加速度会产生惯性力，即产生动载荷。如果作用在产品上的动载荷超过产品的强度极限，产品就会破损。因此，在一定的外界激励下，产品是否破损既和它的振动特性有关，又和它的强度特性有关，其振动特性和强度特性决定了它抵抗振动与冲击的能力。

产品经过包装形成包装件后，流通过程中的各种激励都要通过包装才能传递给内装产品。因此，对于内装产品来说，包装实质上是个减振装置。所谓缓冲减振设计，就是已知产品特性和环境激励，设计“包装”这个减振装置的振动特性，使产品的响应不超过它的强度极限，目的是防止产品在流通过程中由于振动与冲击而破损。

第三节　包装动力学的研究对象与任务

缓冲包装的理论基础是包装动力学。包装动力学研究包装件对流通过程中的振动与冲击环境的响应，分析内装产品在振动与冲击环境激励下破损的原因，并在经济的前提下提出防止内装产品破损的条件，其任务是为缓冲包装设计提供理论依据。

产品种类繁多，结构复杂。通过理论计算解决产品的振动与冲击问题，是非常困难甚至是不可能的。目前国外采用的缓冲包装的各种设计方法，都是以包装动力学为理论基础、以实验室试验为主要手段的实用型设计方法。因为以实验室试验为主要手段，所以包装动力学与包装测试技术有着不可分割的联系。环境激励的采样，产品脆值的测试，缓冲材料的静态与动态试验，产品、产品衬垫系统以及包装件的振动试验、包装件的跌落试验等都离不开测试技术。包装动力学与包装测试技术的研究方向与研究范围是不同的。作为大学本科教材，既要注重理论，又要强调实用，而且还要考虑学时和学生的数学力学基础。包装动力学就是理论，缓冲包装设计就是这种理论的应用。包装动力学的深度与广度以满足缓冲包装设计为原则。这样就可以让出一部分篇幅，讲一些与缓冲包装有关的振动与冲击试验，提高学生解决缓冲包装问题的能力。至于有关的振动与冲击试验，只讲测试原理，不触及测试仪器与设备的构造、测试方法和测试数据的处理，使纳入的这些测试原理成为本书的一个有机的组成部分。

缓冲包装设计涉及的问题非常广泛，它不但要考虑缓冲减振，而且要求材料价格低廉，易于加工，便于装箱，包装废弃物易于处理，包装件的质量、形状、尺寸和结构便于装卸、储存和运输。严格地说，包装动力学是振动理论的一个分支，它只是从力学的角度阐明缓冲包装设计的一些基本原理。因此，包装动力学不等于缓冲包装设计，它不可能全面地讨论缓冲包装设计涉及的各种技术经济问题。

第四节 包装动力学发展简史

早在 17 世纪，古典力学的创始人，英国物理学家牛顿就曾经研究过物体对固定平面的碰撞，做了许多碰撞试验，并提出了碰撞恢复系数（回弹系数）的概念。至今，从国内外有关包装动力学的论著中，仍能清楚地看到碰撞理论的痕迹。虽说产品包装古已有之，甚至可以追溯到原始社会，但是，就包装动力学来说，其源头只能是牛顿的碰撞理论。

现代经济的迅猛发展使投入流通的产品数量愈来愈多，流通范围愈来愈大，产品在流通过程中的破损问题也愈来愈引起社会的关注。从力学角度分析产品破损问题的包装动力学就是在这种形势下应运而生的。

美国贝尔实验室的明德林是人们公认的包装动力学的奠基人。1945 年，明德林发表了他的著名论文《缓冲包装动力学》，受到世界许多国家学术界与产业界的重视，在这篇著名论文中，明德林提出了易损零件的概念，建立了包装件的力学模型——有支座的二自由度振动系统，分别按照线性和非线性缓冲垫两种情况，讨论了产品跌落冲击时的加速度时间曲线；引入了正弦半波脉冲的冲击谱，分析了易损零件的加速度，提出了评价包装件跌落冲击强度的基本方法。明德林的论文发表后，许多发达国家也以此为基础开展了缓冲包装的试验与研究。许多学者将包装件的跌落冲击问题纳入振动理论专著，许多世界著名的企业，如德国的西门子，日本的松下、日立等，都建立了自己的包装设计机构，装备了先进的试验仪器与设备。

50 多年以来，随着经济的发展和科学技术的进步，人们对缓冲包装的研究也在不断深化。1952 年，简森（R. R. Janssen）提出了缓冲材料的缓冲系数最大应力曲线。1961 年，富兰克林（P. E. Franklin）又提出了最大加速度静应力曲线。应用这两种曲线设计缓冲衬垫，不但更接近材料的实际情况，而且计算公式非常简单，很快为广大工程技术人员所接受。1968 年，美国的牛顿（R. E. Newton）以几种常用脉冲的冲击谱为基础，绘制出产品破损边界曲线，为采用程序控制的气垫冲击机的研制和完善产品脆值测试技术提供了理论依据。20 世纪 70 年代末期，美国 MTS 公司和密歇根大学总结半个世纪来缓冲包装的设计理论与经验，共同提出了包装的五步研制方法。五步研制法以包装动力学为基础，以实验室试验为主要手段，是一种实用的设计方法。这种设计方法理论上更加严谨，设计程序更加合理，试验项目、标准与测试手段更加完善，较之明德林时代是个很大的进步。

和世界各发达国家比较，我国的包装动力学研究起步较晚。直至 1978 年，湖南大学朱光汉教授才首次向国内介绍国外包装动力学及缓冲包装设计方面的一些基本情况。1987 年 1 月，浙江大学奚德昌教授发起召开全国首次包装动力学学术讨论会，并在中国振动工程学会内成立了包装动力学学会，为推动我国的包装动力学研究起了积极的作用。

经济的发展要求生产者不断地完善产品的包装，科学技术的进步又为生产者改进产品的包装不断地提供新的途径。因此，对包装动力学的研究绝不会停留在现有水平，人们一定会随着经济的发展和科学技术的进步将这项研究不断地向前推进。

习题

1. 什么叫做流通过程？流通过程由哪三个基本环节构成？
2. 什么叫做包装件？试举例说明。
3. 什么叫做损坏？什么叫做防护包装？包装的防护功能研究什么？
4. 什么叫流通环境？什么叫产品特性？
5. 什么叫振动？什么叫冲击？振动与冲击有什么区别？
6. 什么叫做阻尼？物体的振动特性是由哪三个因素决定的？
7. 什么叫做激励？什么叫做响应？
8. 举例说明产品的振动与冲击环境。

第二章
振动理论基础

物体在其平衡位置附近所作的来回往复运动称为机械振动，简称振动。产品经过包装形成包装件。以缓冲减振为主要功能的包装件是由内装产品、缓冲衬垫、瓦楞纸箱经过封箱或捆扎组成的振动系统，汽车、火车、轮船和飞机的振动就是这类包装件的振动环境。过于强烈的振动会导致产品破损。产品破损是从易损零件开始的。所以，研究包装件的振动，重点是分析易损零件对振动环境的响应，搞清缓冲衬垫的减振效果，目的是为缓冲包装设计提供理论依据。

第一节　单自由度系统的自由振动

将物块悬挂或者支承在弹簧上就构成最简单最直观的振动系统，这样的系统称为物块弹簧系统，如图 2-1 所示，图 2-1(a) 为悬挂系统，图 2-1(b) 为支承系统，以物块的平衡位置 O 为原点取 x 轴，并假设物块沿 x 轴作直线平移。系统振动时，只要知道物块的坐标 x，整个系统在空间的位置就完全确定，所以将这样的系统称为单自由度系统。系统处于平衡时，如果没有外界的激励，它将保持平衡状态，不可能产生振动。外界激励又称干扰，它是系统振动的外因。系统振动的内因是它的质量与弹性。物块的质量很大，弹性很小，所以只考虑它的质量。弹簧的弹性很大，质量很小，所以只考虑它的弹性。弹簧受力后产生变形，力去除后变形随之消失。假设弹簧所受的力 F 与它的变形 Δ 成正比，即

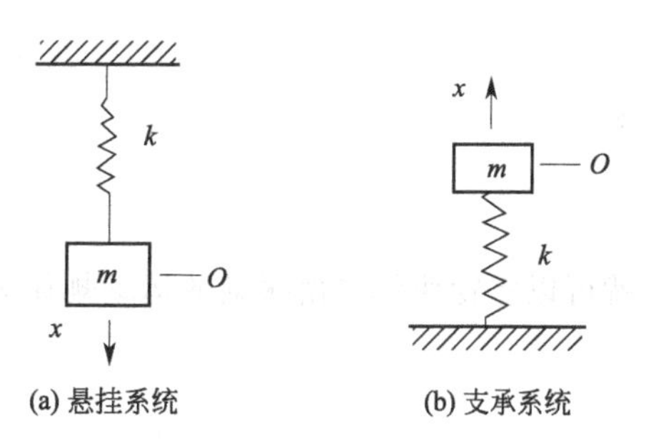

图 2-1　单自由度振动系统

$$F=k\Delta$$

这样的弹簧称为线性弹簧，比例常数 k 称为弹性常数，其单位为 N/m。

一、无阻尼系统的自由振动

如果外界对振动系统的激励仅限于使物块产生初位移 x_0 和初速度 v_0，这样的激励称为初干扰。物块受到初干扰后在其平衡位置所作的往复运动称为自由振动，而在自由振动的过程中不存在外界激励。

图 2-2 中的物块弹簧系统处于平衡时，弹簧只受物块重力 mg 的作用，其变形 δ_{st} 称为静变形，l_0 是弹簧原长。根据线性假设，弹簧静变形应为

$$\delta_{st}=\frac{mg}{k} \tag{2-1}$$

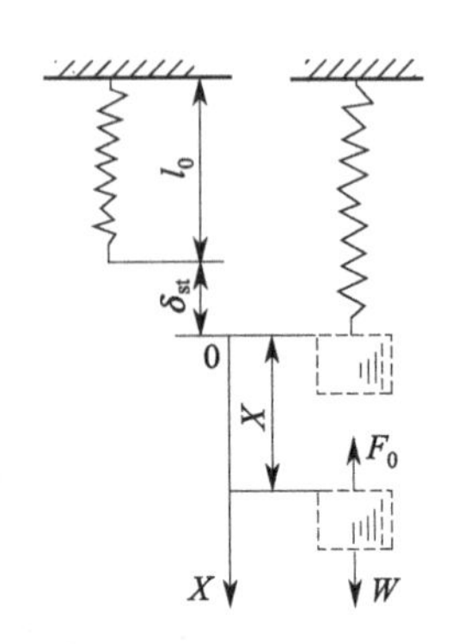

图 2-2 无阻尼自由振动的受力分析

当系统作自由振动的任一瞬时 t，物块位移为 x，弹簧的弹性力为

$$F=k(x+\delta_{st})$$

方向向上。不计系统振动时受到的各种阻力，根据牛顿第二定理，物块的运动微分方程为

$$m\ddot{x}=mg-k(x+\delta_{st})=-kx$$

令
$$\omega^2=\frac{k}{m}$$

就得到物块运动微分方程的标准形式

$$\ddot{x}+\omega^2 x=0 \tag{2-2}$$

式(2-2) 有两个特解：

$$x_1=\cos\omega t,\quad x_2=\sin\omega t$$

这两个特解的线性组合就是式(2-2) 的通解，故

$$x=C_1\cos\omega t+C_2\sin\omega t$$

确定两个积分常数的初始条件为

$$t=0,\quad x=x_0,\quad \dot{x}=\dot{x}_0$$

由此得到

$$C_1=x_0,\quad C_2=\frac{\dot{x}_0}{\omega}$$

故

$$x=x_0\cos\omega t+\frac{\dot{x}_0}{\omega}\sin\omega t$$

令
$$x_0=A\sin\alpha$$
$$\frac{\dot{x}_0}{\omega}=A\cos\alpha$$

就可以将物块作自由振动的运动规律表达为

$$x=A\sin(\omega t+\alpha) \tag{2-3}$$

$$A=\sqrt{x_0^2+\frac{\dot{x}_0^2}{\omega^2}} \tag{2-4}$$

$$\tan\alpha=\frac{\omega x_0}{\dot{x}_0} \tag{2-5}$$

式(2-3) 表明，物块的自由振动为简谐振动，即位移 x 是时间 t 的正弦函数，振动中心在平衡位置。A 称为振幅，是物体偏离振动中心的最大距离（见图 2-3)，它反映物块自由振动的强弱。$(\omega t+\alpha)$ 称为相位角，α 称为初相位，是振动开始时的相位角。A 和 α 是由运动的初始条件决定的两个积分常数。

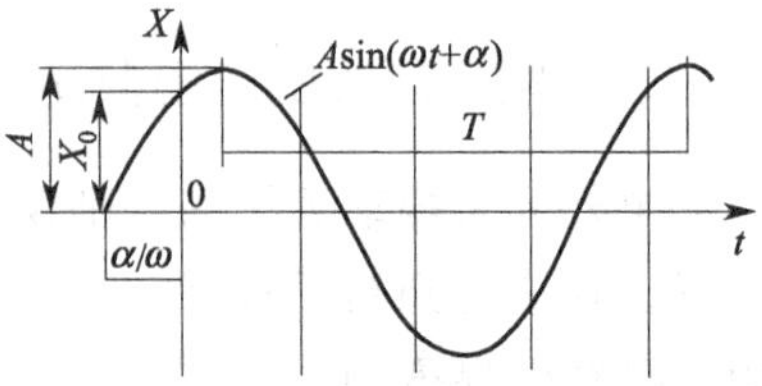

图 2-3 无阻尼自由振动的运动规律

物块振动一次经历的时间 T 称为周期。时间每经历一个周期，正弦函数的相位角增加 2π，故

$$[\omega(t+T)+\alpha]-(\omega t+\alpha)=2\pi$$

所以物块作自由振动的周期为

$$T=\frac{2\pi}{\omega}=2\pi\sqrt{\frac{m}{k}} \tag{2-6}$$

物块每秒振动的次数称为频率，用 f_n 表示，f_n 与 T 互为倒数，即

$$f_n=\frac{1}{T}=\frac{1}{2\pi}\sqrt{\frac{k}{m}} \tag{2-7}$$

物块在 2πs 内振动的次数称为圆频率，用 ω 表示，且

$$\omega=\frac{2\pi}{T}=\sqrt{\frac{k}{m}} \tag{2-8}$$

将式(2-1) 代入式(2-8)，又得

$$\omega=\sqrt{\frac{g}{\delta_{st}}} \tag{2-9}$$

式(2-6)～式(2-8) 表明 f_n、ω 和 T 只与系统质量 m 及弹性常数 k 有关，与运动的初始条件无关，是系统自身的固有特性。不论运动的初始条件如何，物块作自由振动的频率和周期都一样，所以将 f_n 与 ω 称为系统的固有频率，将 T 称为系统的固有周期。

例 2-1 图 2-4(a) 是一根钢制矩形截面的悬臂梁，横截面宽度 $b=10$mm，厚度 $h=5$mm，梁的长度 $l=6$cm，钢的弹性模量 $E=200$GPa，梁的自由端固定有一物块，其质量 $m=0.5$kg，试求物块在横向作自由振动的固有频率与固有周期。

解 图 2-4(a) 是实际的振动系统，物块横向振动时梁的作用相当于一根弹簧，因此将实际系统抽象为物块弹簧系统，如图 2-4(b)，并将这个物块弹簧系统称为实际系统的力学模型。通过力学模型分析实际系统的振动更直观，更便于计算。比较图 2-4 的 (a) 与 (b)，悬臂梁自由端在物块重力作用下的挠度相当于弹簧的静变形。梁的横截面惯性矩为

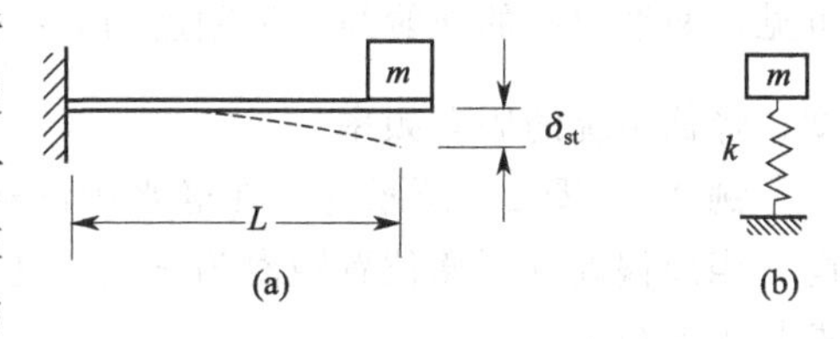

图 2-4 实际振动系统及其力学模型

$$I=\frac{bh^3}{12}=\frac{10\times5^3}{12}=104\ (\text{mm}^4)\ =104\times10^{-12}\ (\text{m}^4)$$

悬臂梁自由端在物块重力作用下的挠度为

$$\delta_{st}=\frac{mgl^3}{3EI}=\frac{0.5\times9.8\times6^3\times10^{-6}}{3\times200\times10^9\times104\times10^{-12}}=0.017\times10^{-3}\ (\text{m})$$

物块在垂直方向自由振动的圆频率为

$$\omega=\sqrt{\frac{g}{\delta_{st}}}=\sqrt{\frac{9.8}{0.017\times10^{-3}}}=759\ (\text{rad/s})$$

物块在垂直方向自由振动的频率为

$$f_n=\frac{\omega}{2\pi}=\frac{759}{2\pi}=120.8(\text{Hz})$$

物块在垂直方向自由振动的周期为

$$T=\frac{1}{f_n}=\frac{1}{120.8}=0.0083\ (\text{s})=8.3\ (\text{ms})$$

例 2-2 图 2-5(a) 是由两根弹簧并联而组成的振动系统。图 2-5(b) 是由两根弹簧串联而组成的振动系统。试求这两种振动系统的固有频率。

解 (1) 当两根弹簧并联时 [图 2-5(a)]，在重力 mg 作用下，每根弹簧的静变形 δ_{st}

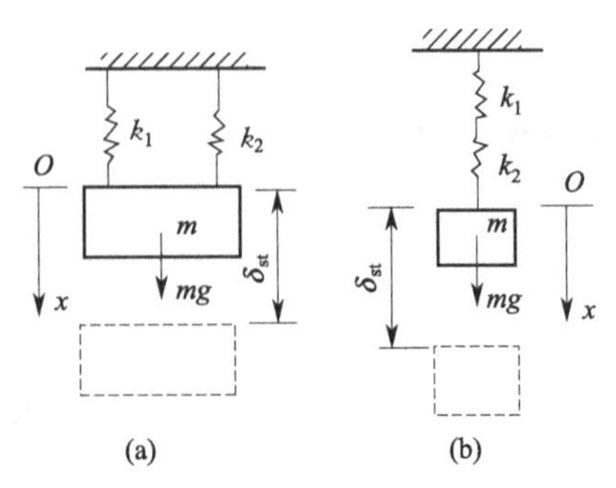

图 2-5 弹簧的并联与串联

相同，由重力的平衡条件（$\sum X=0$）可得

$$mg=F_1+F_2=(k_1+k_2)\delta_{st}$$

即
$$\frac{g}{\delta_{st}}=\frac{k_1+k_2}{m}$$

代入式(2-9)，求得固有频率为

$$\omega=\sqrt{\frac{g}{\delta_{st}}}=\sqrt{\frac{k_1+k_2}{m}}$$

可见，两根并联的弹簧与一根弹性常数为 $k=k_1+k_2$ 的弹簧相当。所以，将弹簧并联可增大系统的刚度，提高系统的固有频率。

（2）当两弹簧串联时［图 2-5(b)］，在重力 mg 作用下，每根弹簧的静变形虽不同，但所受拉力均等于重力 mg。所以

$$\delta_{st}=\delta_{st1}+\delta_{st2}=\frac{mg}{k_1}+\frac{mg}{k_2}=mg\left(\frac{k_1+k_2}{k_1k_2}\right)$$

即 $\frac{g}{\delta_{st}}=\frac{k_1k_2}{m(k_1+k_2)}$。代入式(2-9)，求得固有频率为

$$\omega=\sqrt{\frac{k_1k_2}{m(k_1+k_2)}}$$

可见，两根串联的弹簧与一根刚度为 $k=\frac{k_1k_2}{k_1+k_2}$ 的弹簧相当。将弹簧串联，将减小系统的刚度，降低系统的固有频率。

例 2-3 图 2-6 所示为一在静水中的船舶。在平衡位置时，重力 Q 与水的浮力 F_0 相平衡。当船偏离其平衡位置距离为 x 时，重力 Q 与水的浮力 F 的共同作用使船产生上下振动，求其固有频率。

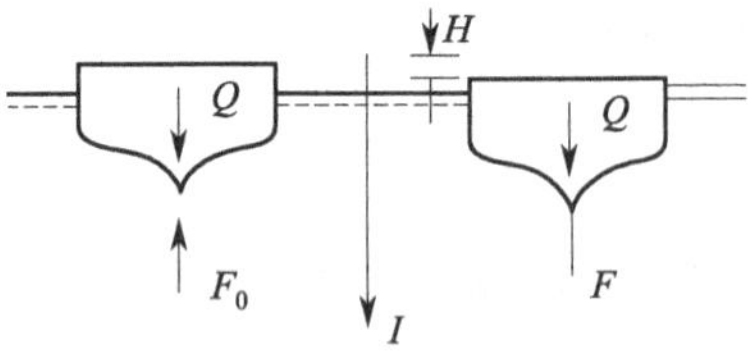

解 根据 $\sum X=m\ddot{x}$，得

$$Q-F=m\ddot{x}$$

即
$$Q-(F_0+\gamma Sx)=m\ddot{x}$$

所以
$$m\ddot{x}=-\gamma Sx$$

式中，γ 为水的相对密度，S 为船在水线附近的水平截面面积。

图 2-6 船与水构成的振动系统

于是
$$\ddot{x}+\frac{\gamma S}{m}x=0$$

固有频率为
$$\omega=\sqrt{\frac{\gamma S}{m}}$$

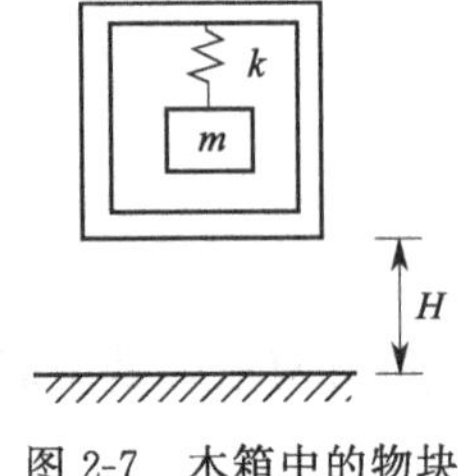

图 2-7 木箱中的物块弹簧系统

例 2-4 木箱内悬挂有一个物块弹簧系统，如图 2-7 所示。设木箱自高度 H 处自由跌落，木箱落地后静止不动，不计木箱与地板的变形，试求木箱落地后箱内物块的运动规律。

解 以物块落地时的位置为原点，向下取 x 轴，从物块落地起开始计时。物块的落地速度与木箱相同，为 $\sqrt{2gH}$。这个落地速度就是对物块弹簧系统的初干扰。因为木箱落地后静止不动，而物块弹簧系统又存在初干扰，所以这个系统落地后作自由振动。物块落地后作自

由振动的初始条件为 $t=0$ 时，$x_0=0$，$\dot{x}_0=\sqrt{2gH}$

物块作自由振动的振幅与初相位的正切为

$$A=\frac{\dot{x}_0}{\omega}=\frac{\sqrt{2gH}}{\omega},\tan\alpha=0$$

所以物块作自由振动的运动规律为

$$x=A\sin\omega t=\frac{\sqrt{2gH}}{\omega}\sin\omega t$$

二、有阻尼系统的自由振动

振动系统振动时会受到各种阻力的作用，这些阻力的作用统称为阻尼。无阻尼自由振动是等幅的简谐振动，一经发生便永无休止。实际观察表明，自由振动的振幅是逐渐衰减的，经过一定时间后振动将完全停止。其所以如此，是因为振动系统不可避免地存在着阻尼，它总是产生与系统振动方向相反的阻力，不断地消耗初干扰输入系统的能量，使振动逐渐衰减直至消失。实际振动系统遇到的阻尼有各种不同的形式，如黏滞阻尼、干摩擦阻尼、材料的内阻等。在分析包装件的振动时，通常近似地将各种阻尼都按黏滞阻尼处理，用阻尼器（图 2-8）作为各种阻尼的力学模型，并假设阻尼器产生的阻力与活塞对液缸的相对速度成正比，阻力的方向总是与相对速度的方向相反，这样的阻尼称为线性黏滞阻尼。

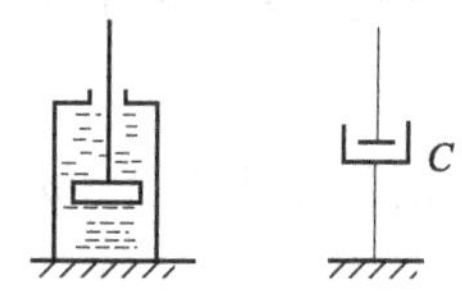

图 2-8　阻尼器

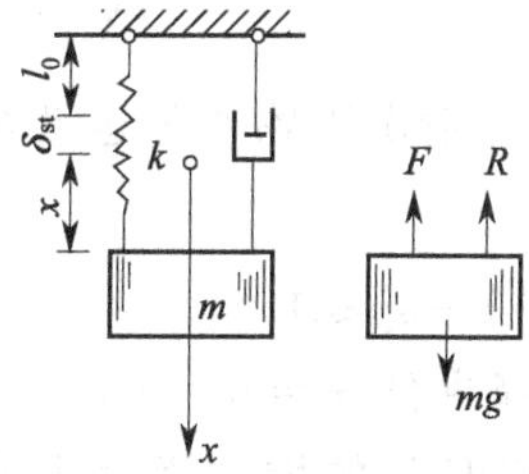

图 2-9 是单自由度有阻尼系统的力学模型。物块作自由振动，在任一瞬时 t，作用在物块上的力有重力 mg，弹性力 $F=k(x+\delta_{st})$ 和阻尼器产生的阻力 $R=C\dot{x}$。C 为阻力系数，其单位为 N·s/m。根据牛顿第二定律，物块的运动微分方程为

$$m\ddot{x}=mg-F-R=-kx-C\dot{x}$$

图 2-9　有阻尼自由振动的受力分析

令

$$\omega^2=\frac{k}{m},\quad 2n=\frac{C}{m}$$

就得到有阻尼自由振动的运动微分方程的标准形式

$$\ddot{x}+2n\dot{x}+\omega^2x=0 \tag{2-10}$$

式中，ω 为物块弹簧系统的固有频率；n 为阻尼系数，其单位为 s^{-1}。

设式(2-10) 的特解为

$$x=e^{\lambda t} \tag{2-11}$$

将式(2-11) 代入式(2-10)，得

$$\lambda^2+2n\lambda+\omega^2=0$$

故

$$\lambda=-n\pm\sqrt{n^2-\omega^2}$$

$n>\omega$，称为大阻尼；$n=\omega$，称为临界阻尼；$n<\omega$，称为小阻尼。在 $n\geqslant\omega$ 的条件下，物块受初干扰离开平衡位置后又缓慢地回到平衡位置，不可能振动，所以这里只讨论小阻尼的情况。因为 $n<\omega$，故

$$\lambda=-n\pm j\sqrt{\omega^2-n^2} \tag{2-12}$$

将式(2-12) 代入式(2-11)，得

$$x=e^{-nt}e^{\pm j\sqrt{\omega^2-n^2}t}$$

将它按欧拉公式展开为

$$x = e^{-nt}(\cos\sqrt{\omega^2 - n^2}\,t \pm j\sin\sqrt{\omega^2 - n^2}\,t)$$

由此得到式(2-10) 的两个特解

$$x_1 = e^{-nt}\cos\sqrt{\omega^2 - n^2}\,t$$

$$x_2 = e^{-nt}\sin\sqrt{\omega^2 - n^2}\,t$$

将这两个的特解线性组合，就得到式(2-10) 的通解

$$x = e^{-nt}(C_1\cos\sqrt{\omega^2 - n^2}\,t + C_2\sin\sqrt{\omega^2 - n^2}\,t) \tag{2-13}$$

式中，C_1、C_2 是两个积分常数。令

$$C_1 = A\sin\alpha,\quad C_2 = A\cos\alpha$$

将式(2-13) 改写为

$$x = Ae^{-nt}\sin(\sqrt{\omega^2 - n^2}\,t + \alpha) \tag{2-14}$$

确定积分常数 A、α 的初始条件为

$$t = 0\ 时，x = x_0，\dot{x} = \dot{x}_0$$

由此求得

$$A = \sqrt{x_0^2 + \frac{(nx_0 + \dot{x}_0)^2}{\omega^2 - n^2}} \tag{2-15}$$

$$\tan\alpha = \frac{x_0\sqrt{\omega^2 - n^2}}{nx_0 + \dot{x}_0} \tag{2-16}$$

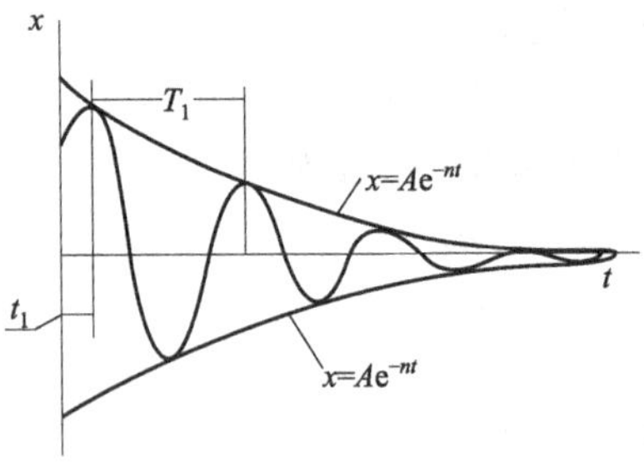

图 2-10 小阻尼衰减振动

式(2-14) 就是小阻尼（$n<\omega$）的情况下物块的运动规律，其图形见图 2-10。因为

$$-1 \leqslant \sin(\sqrt{\omega^2 - n^2}\,t + \alpha) \leqslant 1$$

所以物块的位移 x 被限制在两条曲线 $x = Ae^{-nt}$，$x = -Ae^{-nt}$之间，物块的振动随着时间的增加而逐渐衰减，不再是等幅振动，而是衰减振动。衰减振动虽然不是真正的周期性运动，但它仍具有等时性，因此物块来回往复一次所经历的时间仍然称为周期，用 T_1 表示，即

$$T_1 = \frac{2\pi}{\sqrt{\omega^2 - n^2}} \tag{2-17}$$

令

$$\zeta = \frac{n}{\omega} = \frac{C}{2m\omega} = \frac{C}{2\sqrt{mk}} \tag{2-18}$$

则

$$T_1 = \frac{2\pi}{\omega\sqrt{1-\zeta^2}} = \frac{T}{\sqrt{1-\zeta^2}} \tag{2-19}$$

式中，ζ 称为阻尼比。对于小阻尼，$n<\omega$，$\zeta<1$。式(2-19) 表明，由于阻尼的作用，衰减振动的周期增大了。但是，在 ζ 不是很大的情况下，周期的增大不太明显，可以忽略不计。例如 $\zeta=0.05$ 时，周期仅增加 0.125%；即使 $\zeta=0.25$，周期也只增加了 3.28%。

阻尼对自由振动的影响主要表现在振幅。设相邻两次振动的振幅分别为 A_i 和 A_{i+1}，

则前后两次的振幅比为

$$d=\frac{A_i}{A_{i+1}}=\frac{A\mathrm{e}^{-nt_i}}{A\mathrm{e}^{-n(t_i+T_1)}}=\mathrm{e}^{nT_1} \tag{2-20}$$

式中，d 称为减幅系数。由式(2-20) 得

$$A_2=\frac{A_1}{d},A_3=\frac{A_2}{d}=\frac{A_1}{d^2},\cdots,A_{i+1}=\frac{A_i}{d}=\frac{A_1}{d^i} \tag{2-21}$$

因为 $d>1$，所以小阻尼自由振动的振幅按几何级数的规律迅速衰减。

例 2-5　有一振动系统，其阻尼比 $\zeta=0.05$，该系统受初干扰后作自由振动，第一次振动的振幅为 A_1，试问振动几次后的振幅小于 A_1 的 5%？

解　因为

$$n=\zeta\omega,\ T_1=\frac{2\pi}{\omega\sqrt{1-\zeta^2}}\text{故}$$

$$nT_1=\frac{2\pi\zeta}{\sqrt{1-\zeta^2}}=\frac{2\pi\times0.05}{\sqrt{1-0.05^2}}=0.3146$$

所以减幅系数为

$$d=\mathrm{e}^{nT_1}=\mathrm{e}^{0.3146}=1.37$$

题意要求

$$A_{i+1}=\frac{A_1}{d^i}<0.05A_1$$

即要求

$$d^i>\frac{1}{0.05}=20$$

由此求得振动次数

$$i>\frac{\ln20}{\ln1.37}=9.52$$

即该系统受初干扰后振动 10 次就会自然停止。

第二节　单自由度支座激励系统的受迫振动

将物块弹簧系统固定在可以运动的支座上，就构成支座激励系统，见图 2-11。以系统的平衡位置为原点取 x 轴和 y 轴，并设支座在垂直方向作持续的简谐运动：

$$y=y_{\mathrm{m}}\sin pt \tag{2-22}$$

物块在支座持续激励下的振动称为受迫振动。式(2-22) 中，y_{m} 是支座的振幅，p 是支座运动的圆频率。在系统振动的任一瞬时，支座的坐标 y 都是已知量，只要知道物块的坐标 x，整个系统在空间的位置就完全确定，所以这个系统仍然是个单自由度系统。如果系统振动时物块对支座没有相对运动 $(x-y)$，弹簧的弹性力就不会变化，阻尼器也不可能产生阻力。所以，为了求解物块的振动，必须假设物块对支座有相对运动，即假设 $(x-y)>0$。在这种情况下，系统振动的任一瞬时 t，物块所受的弹性力为

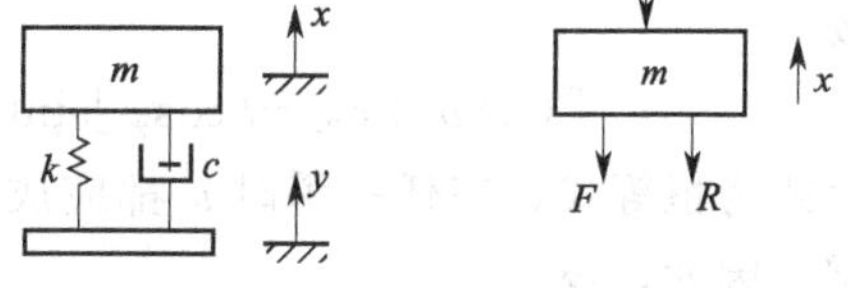

图 2-11　单自由度支座激励系统的受迫振动

$$F=k(x-y-\delta_{\mathrm{st}})$$

物块所受的阻尼力为

$$R=C(\dot{x}-\dot{y})$$

根据牛顿第二定律，物块的运动微分方程为

$$m\ddot{x}=-mg-F-R=-k(x-y)-C(\dot{x}-\dot{y})$$

令

$$\omega^2=\frac{k}{m},\quad n=\frac{C}{2m}$$

则

$$\ddot{x}+2n\dot{x}+\omega^2 x=\omega^2 y+2n\dot{y} \tag{2-23}$$

将式(2-22) 代入式(2-23)，得

$$\ddot{x}+2n\dot{x}+\omega^2 x=\omega^2 y_{\mathrm{m}}\sin pt+2npy_{\mathrm{m}}\cos pt$$

令

$$\tan\gamma=\frac{2np}{\omega^2} \tag{2-24}$$

$$\sin\gamma=\frac{2np}{\sqrt{\omega^4+4n^2p^2}},\quad \cos\gamma=\frac{\omega^2}{\sqrt{\omega^4+4n^2p^2}}$$

则

$$\ddot{x}+2n\dot{x}+\omega^2 x=y_{\mathrm{m}}\sqrt{\omega^4+4n^2p^2}\sin(pt+\gamma)$$

再令

$$b=y_{\mathrm{m}}\sqrt{\omega^4+4n^2p^2} \tag{2-25}$$

$$u=t+\frac{\gamma}{p} \tag{2-26}$$

则求解物块受迫振动的运动微分方程可简写为

$$\ddot{x}+2n\dot{x}+\omega^2 x=b\sin pu \tag{2-27}$$

式(2-27) 的通解是由两个部分组成的，即

$$x=x_1+x_2$$

x_1 是与式(2-27) 对应的齐次方程的通解，x_2 是本方程的一个特解。式(2-10) 就是与式(2-27) 对应的齐次方程，所以在小阻尼情况下有

$$x_1=A\mathrm{e}^{-nu}\sin\left(\sqrt{\omega^2-n^2}\,u+\alpha\right)$$

为求式(2-27) 的特解，设

$$x_2=x_{\mathrm{m}}\sin(pu-\psi)$$

将它代入式(2-27)，得

$$-p^2x_{\mathrm{m}}\sin(pu-\psi)+2npx_{\mathrm{m}}\cos(pu-\psi)+\omega^2x_{\mathrm{m}}\sin(pu-\psi)=b\sin pu$$

因为

$$\sin pu=\sin[(pu-\psi)+\psi]=\cos\psi\sin(pu-\psi)+\sin\psi\cos(pu-\psi)$$

故

$$[(\omega^2 p^2)x_{\mathrm{m}}-b\cos\psi]\sin(pu-\psi)+[2npx_{\mathrm{m}}-b\sin\psi]\cos(pu-\psi)=0$$

上式为恒等式，在任一瞬时 u 都应成立，所以 $\sin(pu-\psi)$ 和 $\cos(pu-\psi)$ 前的系数都应为零。因此，令

$$x_{\mathrm{m}}(\omega^2-p^2)-b\cos\psi=0$$

$$x_{\mathrm{m}}(2np)-b\sin\psi=0$$

由此解得

$$x_{\mathrm{m}}=\frac{b}{\sqrt{(\omega^2-p^2)^2+4n^2p^2}} \tag{2-28}$$

$$\tan\psi=\frac{2np}{\omega^2-p^2} \tag{2-29}$$

所以式(2-27) 的通解为

$$x=x_1+x_2=A\mathrm{e}^{-nu}\sin(\sqrt{\omega^2-n^2}u+\alpha)+x_{\mathrm{m}}\sin(pu-\psi) \tag{2-30}$$

这只是振动开始时的暂时状态。随着时间的推移，自由振动由于阻尼而迅速衰减，很快就有 $x_1\to 0$。在自由振动消失以后，系统的受迫振动就只剩下 x_2，即

$$x=x_2=x_{\mathrm{m}}\sin(pu-\psi) \tag{2-31}$$

因为式(2-31) 是系统对支座激励的持续响应，所以将式(2-31) 称为系统的稳态受迫振动。将式(2-26) 代入式(2-31)，得

$$x=x_{\mathrm{m}}\sin(pt+\gamma-\psi)$$

令

$$\psi=\varphi+\gamma$$

则

$$x=x_{\mathrm{m}}\sin(pt-\varphi) \tag{2-32}$$

式中，x_{m} 为物块稳态受迫振动的振幅；φ 为物块稳态受迫振动对支座激励的相位差。将式(2-25) 代入式(2-28)，就得到物块稳态受迫振动的振幅公式为

$$x_{\mathrm{m}}=y_{\mathrm{m}}\sqrt{\frac{\omega^4+4n^2p^2}{(\omega^2-p^2)^2+4n^2p^2}} \tag{2-33}$$

根据式(2-24) 与式(2-29)，物块稳态受迫振动的相位差 φ 的正切为

$$\tan\varphi=\frac{2np^3}{\omega^2(\omega^2-p^2)+4n^2p^2} \tag{2-34}$$

因为自由振动只存在于运动开始的短暂时间内，所以后面在讨论支座激励系统的受迫振动时只分析它的稳态受迫振动。式(2-31) 表明，系统在支座持续激励下的稳态受迫振动也是简谐运动，其频率与支座激励相同，但存在一个相位差。式(2-33) 与式(2-34) 表明，物块受迫振动的振幅与相位差只与系统本身及支座激励的性质有关，与运动的初始条件无关。

1. 支座激励系统的幅频特性曲线

振幅反映受迫振动的强弱，在缓冲包装的减振理论中有重要的意义，所以要分析各种有关因素对振幅的影响。为了不局限于各种有关因素的具体数值，使研究结果更具有普遍意义，因此将式(2-33) 改写为

$$\frac{x_{\mathrm{m}}}{y_{\mathrm{m}}}=\sqrt{\frac{1+4\left(\frac{n}{\omega}\right)^2\left(\frac{p}{\omega}\right)^2}{\left[1-\left(\frac{p}{\omega}\right)^2\right]^2+4\left(\frac{n}{\omega}\right)^2\left(\frac{p}{\omega}\right)^2}}$$

令

$$\beta=\frac{x_{\mathrm{m}}}{y_{\mathrm{m}}},\ \lambda=\frac{p}{\omega},\ \zeta=\frac{n}{\omega}$$

式中，β 为相对振幅，称为放大系数，或者称为传递率；λ 为相对频率，称为频率比；ζ 为相对阻尼，称为阻尼比。用相对量表达的振幅公式为

$$\beta=\frac{x_{\mathrm{m}}}{y_{\mathrm{m}}}=\sqrt{\frac{1+4\zeta^2\lambda^2}{(1-\lambda^2)^2+4\zeta^2\lambda^2}} \tag{2-35}$$

为了便于分析，取 ζ 为参变量，由式(2-35) 可绘出一系列不同 ζ 值的 β-λ 曲线，这些曲线称为单自由度支座激励系统的幅频特性曲线，见图 2-12。由图 2-12 可以看出如下规律：

① $\lambda=0$ 时，$\beta=1$，即各条 β-λ 曲线有共同的起点。当 $\lambda=\sqrt{2}$ 时，又有 $\beta=1$，即各条 β-λ 曲线相交于这个公共点。

② 在 $0<\lambda<\sqrt{2}$ 这个区间内，$\beta>1$，且 β-λ 曲线有最大值。当 ζ 较小而 λ 又接近于 1 时，

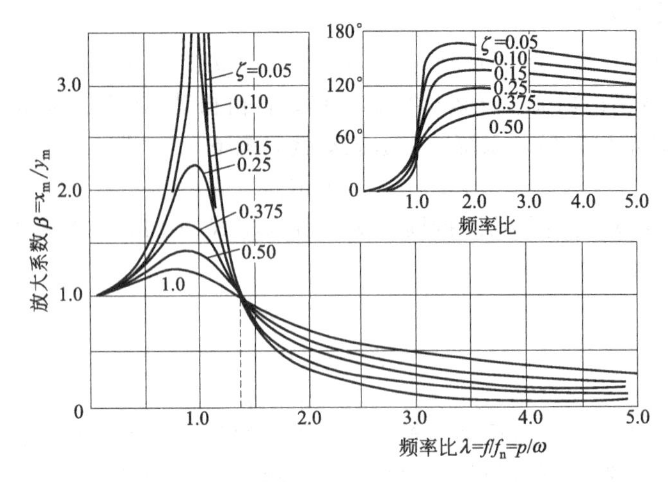

图 2-12 单自由度支座激励系统的幅频曲线与相频曲线

系统会产生强烈的振动，这种形象称为共振。为求共振时的放大系数 $\beta_{\max}$，对式(2-35) 取一阶导数，并令

$$\frac{\mathrm{d}\beta}{\mathrm{d}\lambda}=0$$

由此得到

$$2\zeta^2\lambda^4+\lambda^2-1=0$$

故共振时频率比为

$$\lambda_0=\frac{1}{2\zeta}\sqrt{\sqrt{1+8\zeta^2}-1} \tag{2-36}$$

将 λ_0 代入式(2-35)，就可求得 $\beta_{\max}$。当 ζ 不是很大时，可近似地取

$$\beta_{\max}=\frac{1}{2\zeta}\sqrt{1+4\zeta^2} \tag{2-37}$$

当 ζ 很小（$\zeta<0.15$）时，可近似地取

$$\lambda_0=1,\ \beta_{\max}=\frac{1}{2\zeta} \tag{2-38}$$

$\beta_{\max}$ 随 ζ 的增加而减小，所以增加阻尼是降低共振振幅的主要措施。

③ 当 $\lambda>\sqrt{2}$ 时，$\beta<1$，即物块的振动比支座轻微。当 $\lambda\to\infty$，$\beta\to 0$，这是因为支座振动太快，系统由于惯性来不及响应。在 $\lambda>\sqrt{2}$ 的情况下，β 随 ζ 的增加而增加，所以在这个区间内增加阻尼不利于减轻系统的振动。

2. 支座激励系统的相频特性曲线

将频率比 λ 和阻尼比 ζ 代入式(2-34)，得

$$\tan\varphi=\frac{2\zeta\lambda^3}{1-\lambda^2+4\zeta^2\lambda^2} \tag{2-39}$$

由式(2-39) 绘制的 φ-λ 曲线称为相频特性曲线，见图 2-12。在 ζ 较小的情况下，φ-λ 曲线在 $\lambda=1$ 处有突变，这一特征可用于测试系统的共振频率。

例 2-6 仪器中的某零件是一根具有集中质量的外伸梁（图 2-4）。集中质量 $m=0.4\text{kg}$，阻尼 $C=44\text{N}\cdot\text{s/m}$，根据材料力学公式计算得到其固有频率 $f_n=88\text{Hz}$，仪器的底座受到简谐激励，其频率 $f_y=100\text{Hz}$，振幅 $y_m=0.2\text{mm}$，试求该零件的振幅。

解 零件的阻尼比为

$$\zeta=\frac{n}{\omega}=\frac{\dfrac{C}{2m}}{2\pi f_{\mathrm{n}}}=\frac{C}{4\pi m f_{\mathrm{n}}}=\frac{44}{4\pi\times 0.4\times 88}=0.1$$

激振频率比为

$$\lambda=\frac{p}{\omega}=\frac{f_{\mathrm{y}}}{f_{\mathrm{n}}}=\frac{100}{88}=1.14$$

因为 $\lambda=1.14$ 接近共振频率 1，系统接近共振，而 $\zeta=0.1$，其值很小，因此用式(2-38)计算共振时的放大系数，即

$$\beta=\frac{1}{2\zeta}=\frac{1}{2\times 0.1}=5$$

故零件的振幅为

$$x_{\mathrm{m}}=\beta y_{\mathrm{m}}=5\times 0.2=1\ (\mathrm{mm})$$

第三节 车辆振动的定性分析

图 2-13(a) 是一辆拖车，它的车厢是通过叠板弹簧安装在轮轴上的。拖车行驶时，由于路面高低不平，因而引起车厢的振动。图 2-13(b) 是拖车的力学模型，车厢被抽象为物块 m，叠板弹簧被抽象为螺旋弹簧 k，轮轴被抽象为物块弹簧系统的支座，支座随车轮上下起伏，因而激起物块的振动。实际路面高低不平，其高程沿路面随机变化，不可能用确定的函数描述。为了应用单自由度支座激励系统受迫振动理论分析车辆的振动，假设路面高程 z 是路程 ξ 的正弦函数，即

$$z=z_{\mathrm{m}}\sin 2\pi\left(\frac{\xi}{L}\right)$$

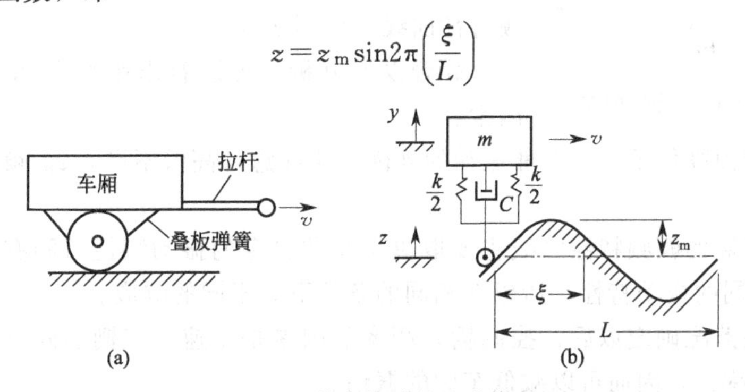

图 2-13 拖车振动的力学模型

z_{m} 是路面正弦波的峰值，L 是路面正弦波长。假设拖车以速度 v 匀速行驶，车轮紧贴路面，则车轴在垂直方向作简谐运动，其频率 $f_z=\dfrac{v}{L}$，故支座对物块弹簧系统的激励为

$$z=z_{\mathrm{m}}\sin 2\pi\left(\frac{v}{L}\right)t=z_{\mathrm{m}}\sin 2\pi f_z t$$

根据单自由度支座激励系统受迫振动的理论，车厢（物块）在轮轴（支座）的简谐激励下作受迫振动，其稳态响应也是简谐运动，且

$$y=y_{\mathrm{m}}\sin(2\pi f_z t-\varphi)$$

y_m 是车厢振动的振幅，φ 是车厢振动相位差。根据式(2-35)，车厢的振幅为

$$y_m=z_m\sqrt{\frac{1+4\zeta^2\lambda^2}{(1-\lambda^2)^2+4\zeta^2\lambda^2}}$$

根据式(2-39)，相位差的正切为

$$\tan\varphi=\frac{2\zeta\lambda^3}{1-\lambda^2+4\zeta^2\lambda^2}$$

因为

$$\lambda=\frac{p}{\omega}=\frac{f_z}{f_n}=\frac{v}{Lf_n}$$

$$\xi=\frac{n}{\omega}=\frac{C}{2m\omega}=\frac{C}{4\pi mf_n}$$

所以车厢的振动不但与车速及路面起伏情况有关，而且与拖车自身的固有频率及阻尼比有关。

为具体起见，设车厢空载质量 $m_1=150\text{kg}$，满载质量 $m_2=1000\text{kg}$，弹簧弹性常数 $k=350\text{kN/m}$，系统的阻尼 $C=18\text{kN}\cdot\text{s/m}$，则空载时拖车的固有频率及阻尼比分别为

$$f_{1n}=7.7\text{Hz}，\zeta_1=1.24$$

满载时拖车的固有频率及阻尼比分别为

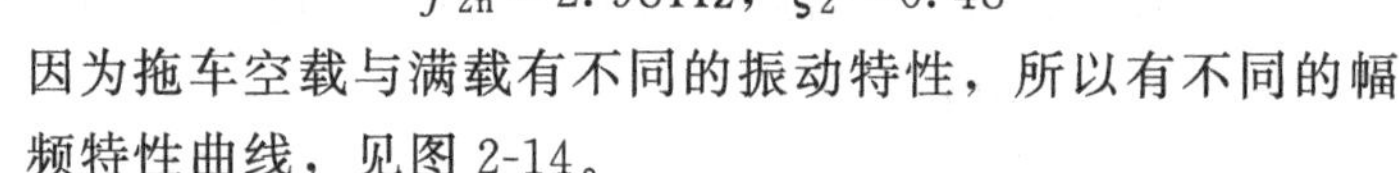

$$f_{2n}=2.98\text{Hz}，\zeta_2=0.48$$

因为拖车空载与满载有不同的振动特性，所以有不同的幅频特性曲线，见图 2-14。

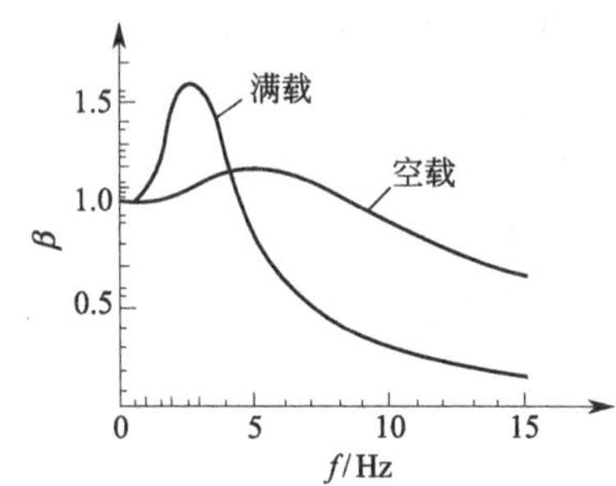

图 2-14 拖车的幅频特性曲线

综合以上分析，可以看出影响车厢振动的一些主要因素。

① 路况 路面高低不平是车厢振动的外因。路面愈是高低不平，z_m 就愈大，车厢的振动就愈是强烈。

② 车况 车厢的幅频特性曲线主要取决于车厢自身的振动特性（固有频率与阻尼比）。不同的车厢有不同的振动特性，所以在相同的条件下有不同的响应。

③ 车速 在路况确定以后，控制输入频率的因素是车速。车辆的固有频率较低，提高车速可以增大频率比，因而可以减低车厢的振幅。

④ 载重 满载可以减低拖车的固有频率和阻尼比。当拖车以正常速度行驶时，满载的幅频曲线在空载之下，因此满载的车厢振幅低于空载。

例 2-7 铁路车厢减振弹簧的静压缩为 $\delta_{st}=50\text{mm}$。每根铁轨的长度 $L=12\text{m}$。每当车轮行驶到轨道接头处都受到冲击，因而当车厢速度达到某一数值时，将发生激烈颠簸，这一速度称为临界速度。试求此临界速度。

解 车厢的固有频率为

$$f_n=\frac{1}{2\pi}\sqrt{\frac{g}{\delta_{st}}}=\frac{1}{2\pi}\sqrt{\frac{9.8}{0.05}}=2.23\ (\text{Hz})$$

轨道接头对车厢冲击的频率为 $f=\dfrac{v}{L}$。将这种周期性的冲击近似地视为简谐激励，当 $f=f_n$

时，车厢产生共振。此时车厢振动最强烈，故求解车厢临界速度的条件为

$$f=\frac{v}{L}=2.23\ (\text{Hz})$$

由此解得车厢临界速度

$$v=Lf=12\times2.23=26.8\ (\text{m/s})=96.48\ (\text{km/h})$$

第四节　产品与包装件的力学模型

产品种类繁多，结构复杂，不同的产品又有不同的重量、形状和尺寸，因此形成各种各样的包装件。缓冲与减振包装理论研究的不是这些具体的产品及其包装件，而是研究从这些具体的产品及其包装件中抽象出来的具有普遍意义的力学模型。所谓力学模型，就是用物块表示系统的质量，用弹簧表示系统的弹性，用阻尼器表示系统的阻尼，将各种实际产品和包装件抽象为支座激励系统，产品为单自由度系统，包装件为二自由度系统。

一、产品的力学模型

产品抵抗振动与冲击的能力是有限的。当外界的激励由弱到强达到这个极限时产品就会破损。一般来说，产品结构复杂，大都是由许多零部件组装而成的。振动与冲击试验表明，产品破损总是从某个零部件开始的，这个最容易破损的零部件称为易损零件。易损零件的破损有多种形式，如脆性断裂、松动脱落、产生过大的塑性变形、疲劳破坏、与其他零部件相互碰撞等。零件破损的形式虽然多种多样，但归根到底是零件受力太大，达到或者超过它的强度指标。产品受到振动与冲击时，作用在零件上的力是与加速度成正比的惯性力。零件加速度不但取决于产品所受的振动与冲击，而且取决于它自身的振动特性。综上所述，将实际产品［图 2-15(a)］中的易损零件抽象为具有集中质量的悬臂梁，圆球表示零件的质量，悬臂梁表示零件的弹性，见图 2-15(b)。除了易损零件外，将产品的其余部分抽象为一个刚性外壳，它同时也是悬臂梁的固定端支座，图 2-15(b) 就是实际产品的示意图。为了便于分析，用弹簧代替悬臂梁，将易损零件抽象为物块弹簧系统，将产品的其余部分抽象为物块 m，用来代替示意图中的刚性外壳，并以物块 m 作为零件系统的支座，这样就得到产品的力学模型，见图 2-15(c)。图中的 m_s 是易损零件的质量，k_s 是易损零件的弹性常数，C_s 是易损零件的阻力系数，m 是产品其余部分的质量。零件质量 m_s 通常都很小，即 $m_s \ll m$，所以又将 m 简称为产品质量。

产品中往往有许多零部件，每个零部件都有一定的质量和弹性，因此实际产品是个非常复杂的多自由度系统。除了易损零件外，将产品其余部分视为刚体，这是对实际产品的简化，所以图 2-15(c) 只是实际产品的近似模型。零件系统以产品 m 为支座，所以它是个单自由度支座激励系统。

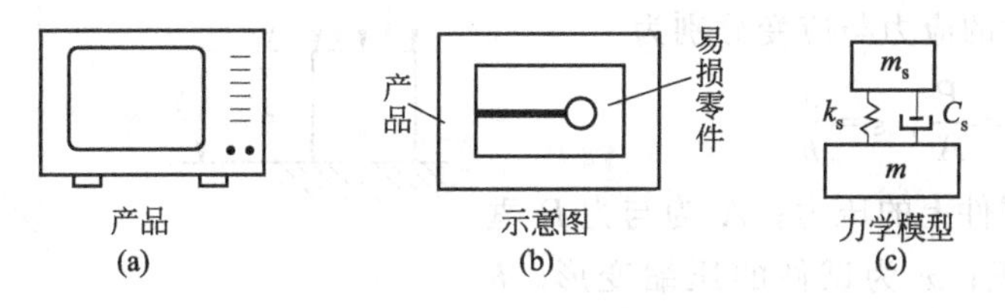

图 2-15　产品的力学模型

二、包装件的力学模型

产品装箱后就形成包装件，如图 2-16(a)。所谓缓冲包装，意思是在产品与包装箱之间设置缓冲衬垫，其作用是减轻产品在外界激励下的振动，缓和产品在外界激励下所受到的冲击。按照图 2-16(a) 所示方位，产品在箱内向下运动是下面的衬垫产生向上的弹性力，产品在箱内向上运动是上面的衬垫产生向下的弹性力，因此上、下两块衬垫的作用相当于一根弹簧。设想将包装件固定在车、船、飞机上，包装箱就会和车、船、飞机一起振动，并通过缓冲衬垫将车、船、飞机的振动传递给箱内产品，所以包装箱对产品的作用相当于支座激励。根据以上分析，将缓冲衬垫抽象为一根弹簧，将包装箱抽象为产品衬垫系统的支座，将产品在箱内振动时所受到的各种阻力的作用抽象为一个阻尼器，这样就得到包装件的力学模型，见图 2-16(b)。图中的支座是包装箱，m 是产品质量，k 是缓冲衬垫的弹性常数，C 是产品衬垫系统，主要是衬垫内阻的阻力系数，m_s 是易损零件的质量，k_s 是易损零件的弹性常数，C_s 是易损零件的阻力系数。

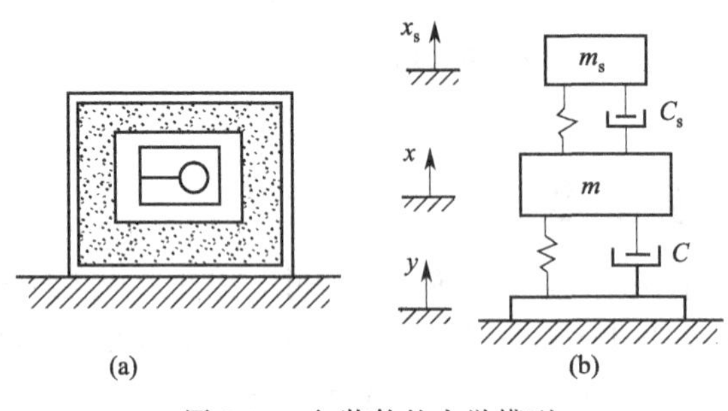

图 2-16 包装件的力学模型

以包装件的平衡位置为原点对包装箱取 y 轴，对产品取 x 轴，对易损零件取 x_s 轴。在分析包装件的振动时，包装箱的运动与车、船、飞机相同，y 是已知量，只要知道产品的位置坐标 x 和零件的位置坐标 x_s，包装件在空间的位置就完全确定，所以包装件的力学模型是个二自由度支座激励系统。

第五节 缓冲材料的力学性质

缓冲材料种类很多，如泡沫塑料、瓦楞纸板、纸浆模塑制品、纸、动植物及塑料纤维、橡胶、木材、钢制弹簧等，都是常用的缓冲材料。材料力学性质指的是它的受力与变形之间的关系，研究材料力学性质的主要依据是它的应力-应变曲线。

一、材料的弹性

材料在外力作用下会产生变形，去除外力后有些材料的变形能完全恢复，材料的这种性质称为弹性。

将材料制成试件（图 2-17)。对试件施加压力称为加载，去除试件上的压力称为卸载。加载与卸载时，试件的应力与应变分别为

$$\sigma=\frac{P}{A},\ \varepsilon=\frac{x}{h}$$

式中，P 为试件上的压力；A 为与力 P 垂直的试件受压面积；x 为试件的压缩变形；h 为试件原有厚度。在加载和卸载的过程中，ε

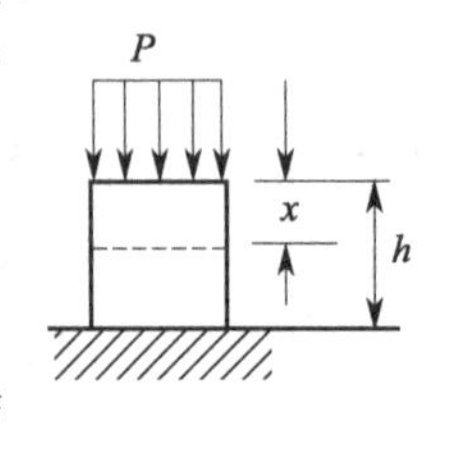

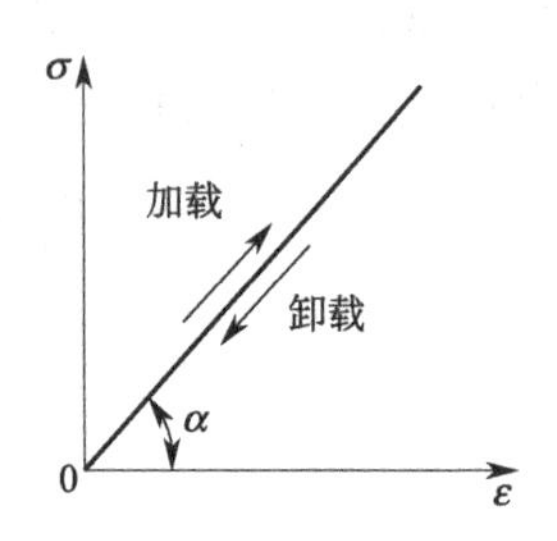

图 2-17 线弹性材料

随σ而变化，其变化规律称为应力-应变曲线，即σ-ε曲线。

若材料的σ-ε曲线为直线，则$\sigma=E\varepsilon$，这样的材料称为线弹性材料，E称为材料的弹性模量。弹性模量是σ-ε直线的斜率，即

$$E=\tan\alpha=\frac{\sigma}{\varepsilon}$$

式中的σ与ε是直线上任一点的纵、横坐标。在应力相同的情况下，材料的弹性模量愈大，变形愈小，材料显得愈硬，所以弹性模量也可以作为衡量材料软硬的指标。

当材料的σ-ε曲线为曲线时，曲线上任一点的切线斜率称为该点的弹性模量，即

$$E=\frac{d\sigma}{d\varepsilon}$$

σ-ε曲线原点的切线斜率称为初始弹性模量，用E_0表示。若材料的弹性模量随变形的增加而增加，则σ-ε曲线为凹曲线，这样的材料称为硬弹性材料（图 2-18）。若材料的弹性模量随变形的增加而减小，则σ-ε曲线为凸曲线，这样的材料称为软弹性材料。有的材料σ-ε曲线前软后硬，这样的材料称为软硬组合弹性材料。

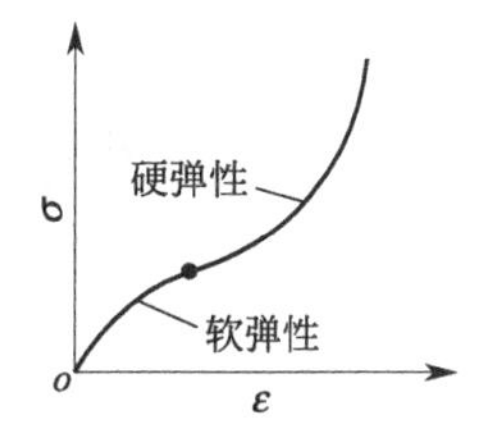

图 2-18 非线性弹性材料

对于弹性材料而言，其加载与卸载曲线是重合的，只是方向不同。加载时应力-应变随时间增加而增加，卸载时应力-应变随时间增加而减小，卸载阶段结束时应力应变立即退回原点。

二、材料的塑性

有些缓冲材料，如纸、泡沫塑料等，即使在很小的应力下卸载，卸载曲线也不与加载曲线重合，而且卸载后材料不能恢复原有形状与尺寸。材料的这种性质称为塑性。因为材料具有塑性，所以材料在任一应力下的总变形ε中既含有弹性变形ε_e，又含有塑性变形ε_p（图 2-19）。从能量的观点看，由于材料具有塑性，加载时输入材料的能量总是大于卸载时材料释放的能量，在每一次加载、卸载过程中都有能量的损耗。

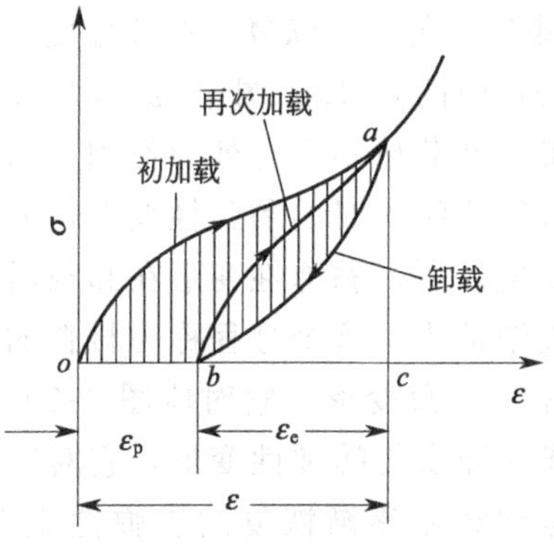

图 2-19 材料的弹性与塑性变形

由于材料的塑性，卸去载荷后试件有残余变形，应力-应变不可能退回原点，如果再加载，其加载曲线就不再与初加载曲线重合。以图 2-19 为例，oa为初加载曲线，ba为再加载曲线，同样加载至a点，初加载对应的变形为ε，再加载对应的变形为ε_e，因为$\varepsilon_e<\varepsilon$，所以再加载时材料变硬了。

三、材料的黏性

缓冲材料，特别是泡沫塑料，在受到振动与冲击时，其内部会产生阻力，这种阻力称为材料的内阻。加载时，内阻的方向与加载速度相反，其作用是限制材料的变形；卸载时，内阻的方向又与卸载速度相反，其作用是限制材料变形的恢复。泡沫塑料的这种内阻与加载速

度不可分割，加载速度愈大，内阻也愈大；若加载速度为零，则内阻也随之消失。材料的这种性质称为黏性，其内阻称为黏性内阻。黏性内阻的作用与阻尼器类似，因此以阻尼器作为材料黏性的力学模型。

泡沫塑料的力学性质非常复杂，它既有弹性，又有塑性，还有明显的黏性。为了突出黏性对材料力学性质的影响，这里不计塑性，将其抽象为理想的黏弹性材料，见图 2-20(a)。实验室材料压缩试验的加载速度只有 10～15mm/min，这样的压缩试验称为静载试验。由于加载速度太小，材料的黏性表现不明显，试验得到的应力-应变曲线接近理想弹性材料，如图 2-20(c) 中的 *ob*，其特征是加载与卸载曲线重合，加载曲线起自原点，卸载曲线又退回原点。

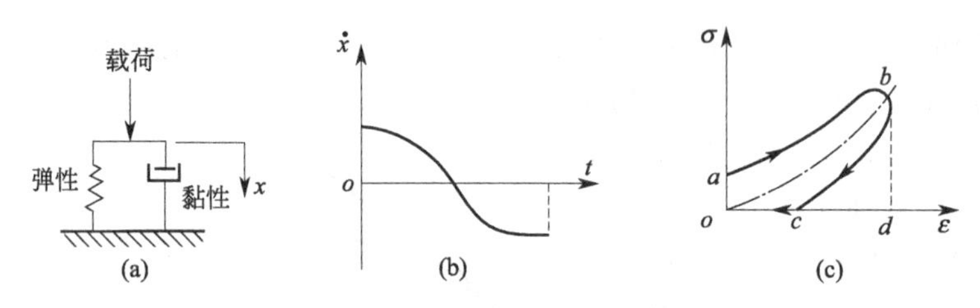

图 2-20 黏弹性材料的应力-应变曲线

包装件受到振动与冲击时，产品对缓冲材料的作用相当于压缩试验，只是它的加载速度远远大于静载试验，其应力-应变曲线也根本不同于静载曲线。以跌落冲击为例，其加载速度［图 2-20(b)］是静载试验的数千倍乃至万倍。在这种情况下，材料的黏性就表现得特别突出。加载时，材料的内力是弹性力与黏性阻力之和，所以加载曲线 *oab* 在静载曲线 *ob* 之上，见图 2-20(c)。卸载时，材料的内力是弹性力与黏性力之差，所以卸载曲线 *bc* 在静载曲线 *bo* 之下。总的来说，当加载及卸载速度很大时，黏弹性材料的加载与卸载曲线不重合。材料的黏性及加载、卸载速度愈大，两者的差距也愈大。卸载速度很大时，由于黏性内阻限制材料变形的恢复，所以有一部分弹性变形在卸载阶段结束时不能及时恢复，这部分变形称为黏弹性变形，如图 2-20(c) 中的 *oc* 段，图中 *cd* 段是卸载阶段能立即恢复的弹性变形。卸载后不再有外力作用，因此材料的弹性力力图恢复卸载阶段结束时的黏弹性变形，而黏性阻力则限制材料变形的恢复，所以黏弹性变形在卸载后不能立即恢复，而是随时间逐渐消失，这个过程称为材料的黏弹性回复，见图 2-21。图中 ε 是总变形，它对应图 2-20(c) 上的 *od* 段；ε_1 是卸载时能立即恢复的弹性变形，它对应图 2-20(c) 上的 *cd* 段；ε_2 是卸载后逐渐恢复的黏弹性变形，它对应图 2-20(c) 上的 *oc* 段。由于黏弹性回复，图 2-20(c) 上的应力-应变在卸载以后由 *c* 点逐渐退回原点 *o*，这样就使黏弹性材料的应力-应变曲线成为一条闭合曲线，如图 2-20(c) 上的 *oabco*。这样的闭合曲线称为黏性滞回曲线。黏性滞回曲线的面积就是材料单位体积的黏性内阻在一个加载、卸载循环中所消耗的能量。

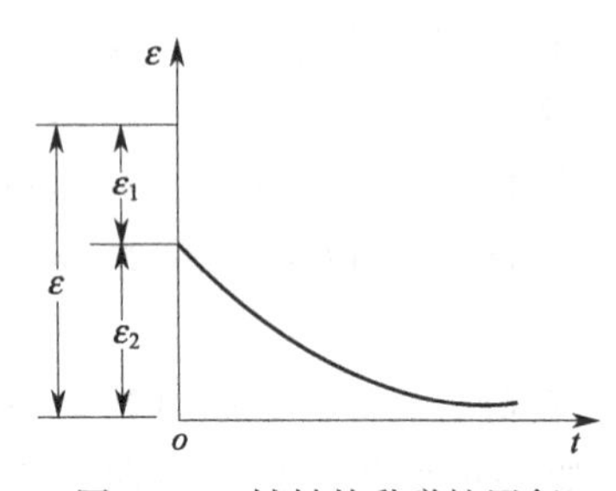

图 2-21 材料的黏弹性回复

以上分析表明，在加载及卸载速度很大的情况下，黏性对材料力学性质的影响是使加载与卸载曲线分离，使卸载后的材料有黏弹性回复，使材料的应力-应变曲线成为一条形状比较复杂的闭合曲线。

四、材料的蠕变与松弛

蠕变与松弛是材料的同一性质在不同条件下的不同表现。

1. 蠕变

将泡沫塑料制成试件（图 2-22）。在试件上加一重锤，试件立即产生变形 x_0，与 x_0 对应的应变为 ε_0，x_0 和 ε_0 称为瞬时变形。重锤作用下的试件应力是保持不变的，而试件的变形却随时间而增加，这种现象称为蠕变。

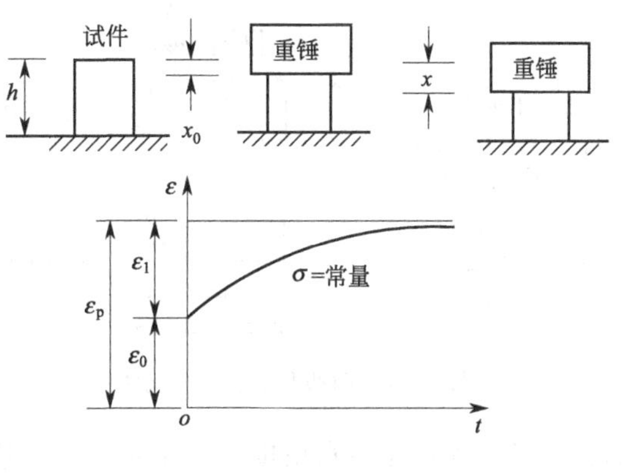

图 2-22 材料的蠕变

蠕变有弹性蠕变与塑性蠕变两种。弹性蠕变卸载后可以恢复，而塑性蠕变卸载后是不能恢复的。蠕变与应力及温度有关，应力愈大，温度愈高，变形愈快，变形量愈大。常用的缓冲材料，如泡沫塑料等，即使在常温下也有明显的蠕变。包装件在长期存放时，由于衬垫产生蠕变，以至箱内出现空隙，它会加剧产品在运输途中的振动与冲击。

2. 应力松弛

将用泡沫塑料制成的试件放在钢筒内，且试件高于钢筒（图 2-23）。在试件上加一重锤，使试件中产生初应力 σ_0。试验表明，在试件的变形保持不变的条件下，试件中的应力却随时间而减小，这种现象称为应力松弛。材料在总变形保持不变的条件下之所以产生应力松弛，是因为总变形中的塑性变形随时间而增加，而弹性变形则随时间而减小。使塑料带受拉且保持其长度不变，因为塑料带中的弹性变形随时间而减小，所以塑料带中的拉应力也会随时间而减小，即产生应力松弛。由于应力松弛，出厂时捆扎得很紧的塑料带在长期存放后也会变松。

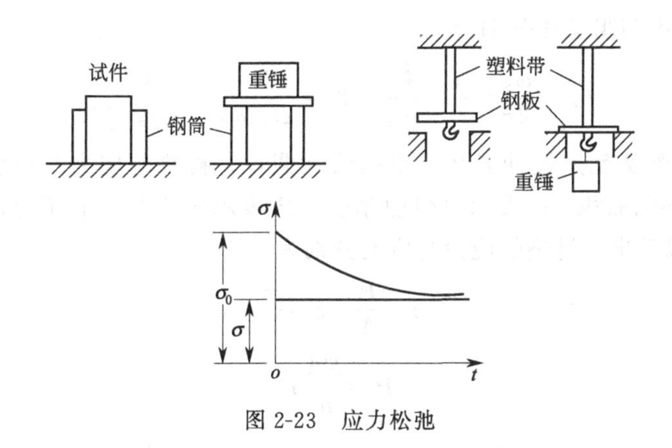

图 2-23 应力松弛

第六节 包装件的简谐振动

包装件的力学模型是个二自由度支座激励系统，见图 2-16(b)。由于产品 m 与易损零件 m_s 之间存在作用与反作用关系，直接按图 2-16(b) 求解产品与易损零件在简谐支座激励下的受迫振动，求解过程非常繁琐，导出的放大系数（传递率）公式又相当复杂，不便于应用，因此这里仅限于用两级估算法近似地分析包装件的简谐振动。

一、包装件简谐振动的两级估算法

与产品质量比较，易损零件的质量通常都很小，即 $m_s \ll m$。如果不计零件对产品的反作用，只考虑产品对零件的作用，就可以将包装件分解为两个单自由度系统，见图 2-24。图 2-24(a) 为包装件，它是二自由度支座激励系统；图 2-24(b) 为产品衬垫系统，它是单自由度支座激励系统；图 2-24(c) 为零件系统，它也是单自由度支座激励系统，产品 m 就是易损零件的支座。

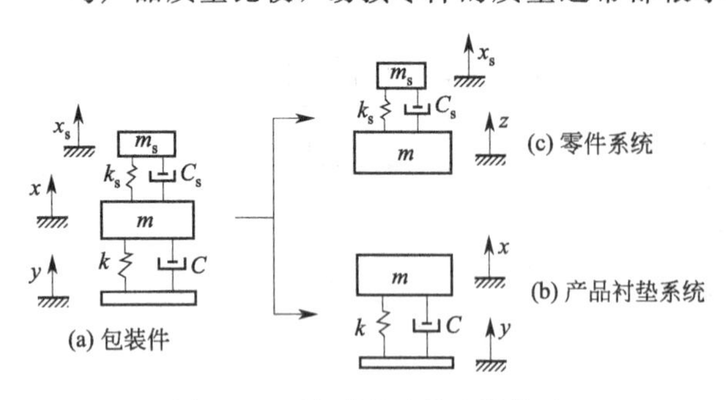

图 2-24 两级估算法的力学模型

将包装件分解为两个单自由度系统的目的是：先应用单自由度支座激励系统受迫振动理论分析产品对振动环境的响应，然后将产品对振动环境的响应视为对零件系统的激励，再一次应用单自由度支座激励系统受迫振动理论分析易损零件对产品激励的响应，在此基础上进一步分析易损零件对振动环境的响应。包装件本来是个二自由度系统，人为地将它分解为两个单自由度系统，不可避免地会产生误差，因此将这种方法称为两级估算法。两级估算法只适用于 $m_s \ll m$ 的情况。

在用两级估算法分析包装件的简谐振动时，假设产品衬垫系统和零件系统都是线性系统，即 k、k_s 都是线性弹簧，C、C_s 都是线性阻尼。按照线性假设，产品衬垫系统的固有频率与阻尼比分别为

$$f_n = \frac{\omega}{2\pi} = \frac{1}{2\pi}\sqrt{\frac{k}{m}}，\ \zeta = \frac{C}{2m\omega} = \frac{C}{2\sqrt{km}}$$

零件系统的固有频率与阻尼比分别为

$$f_{sn} = \frac{\omega_s}{2\pi} = \frac{1}{2\pi}\sqrt{\frac{k_s}{m_s}}，\ \zeta_s = \frac{C_s}{2m_s\omega_s} = \frac{C_s}{2\sqrt{k_s m_s}}$$

产品衬垫系统中的弹簧就是缓冲衬垫。根据线性假设，衬垫的应力与应变成正比，即 $\sigma = E\varepsilon$。用 A 表示衬垫的面积，h 表示衬垫的厚度，P 表示衬垫所受的压力，x 表示衬垫的变形，由图 2-25 可以看出，衬垫的应力与应变分别为

$$\sigma = \frac{P}{A}，\ \varepsilon = \frac{x}{h}$$

故

$$P = \frac{EA}{h}x$$

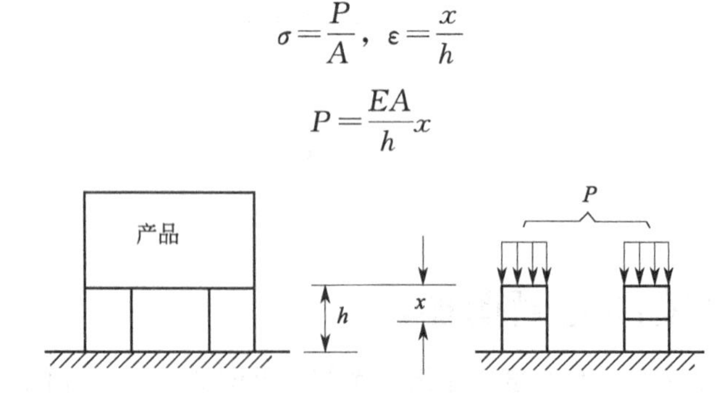

图 2-25 衬垫弹性常数计算简图

因为线性衬垫的压力与变形成正比，所以衬垫的弹性常数 E 为常数，故

$$k=\frac{EA}{h} \tag{2-40}$$

产品衬垫系统的固有频率为

$$f_{\mathrm{n}}=\frac{1}{2\pi}\sqrt{\frac{EA}{mh}} \tag{2-41}$$

1. 产品衬垫系统对振动环境的响应

对于包装件来说，车、船、飞机的振动就是振动环境，且包装箱（支座）的运动与振动环境相同。设振动环境为简谐振动，即设

$$y=y_{\mathrm{m}}\sin pt=y_{\mathrm{m}}\sin 2\pi ft \tag{2-42}$$

式中，y_{m} 为振动环境的振幅；f 为振动环境的频率；p 为振动环境的圆频率。图 2-24(b) 与图 2-11 相同，而且都是线性系统，支座激励又都是简谐运动，所以产品衬垫系统的稳态受迫振动与式(2-32) 相同，即

$$x=x_{\mathrm{m}}\sin(pt-\varphi)=x_{\mathrm{m}}\sin(2\pi ft-\varphi) \tag{2-43}$$

式中，x_{m} 为产品振幅；f 为产品振动的频率；p 为产品振动的圆频率；φ 为产品振动的相位差。式(2-43) 表明，当振动环境为简谐振动时，产品的稳态受迫振动也是简谐振动，而且振动的频率与振动环境相同。

根据式(2-35)，产品的振幅为

$$x_{\mathrm{m}}=\beta y_{\mathrm{m}} \tag{2-44}$$

式中，β 是产品衬垫系统的放大系数（传递率），且

$$\beta=\sqrt{\frac{1+4\zeta^2\lambda^2}{(1-\lambda)^2+4\zeta^2\lambda^2}} \tag{2-45}$$

式中，ζ 是产品衬垫系统的阻尼比，λ 是振动环境对产品衬垫系统的频率比，即

$$\lambda=\frac{p}{\omega}=\frac{f}{f_{\mathrm{n}}}$$

根据式(2-39)，产品对振动环境的相位差的正切为

$$\tan\varphi=\frac{2\zeta\lambda^3}{1-\lambda^2+4\zeta^2\lambda^2} \tag{2-46}$$

2. 易损零件系统对产品激励的响应

将产品对振动环境的响应视为对易损零件系统的激励，如图 2-24(c) 所示。图 2-24(c) 所示易损零件系统也是单自由度支座激励系统，与图 2-11 相同，产品对易损零件系统的激励又是简谐振动，所以易损零件系统在产品激励下的稳态受迫振动也与式(2-32) 相同，即

$$x_{\mathrm{s}}=x_{\mathrm{sm}}\sin(pt-\varphi-\varphi_{\mathrm{s}})=x_{\mathrm{sm}}\sin(2\pi ft-\varphi-\varphi_{\mathrm{s}}) \tag{2-47}$$

式中，x_{sm} 为易损零件振幅；f 为易损零件振动的频率；p 为易损零件振动的圆频率；φ_{s} 为易损零件对产品的相位差。式(2-47) 表明，易损零件的稳态受迫振动也是简谐振动，而且振动的频率也与振动环境相同。

根据式(2-35)，易损零件的振幅为

$$x_{\mathrm{sm}}=\beta_{\mathrm{s}}x_{\mathrm{m}} \tag{2-48}$$

式中，β_{s} 是易损零件系统的放大系数（传递率），且

$$\beta_{\mathrm{s}}=\sqrt{\frac{1+4\zeta_{\mathrm{s}}^2\lambda_{\mathrm{s}}^2}{(1-\lambda_{\mathrm{s}}^2)^2+4\zeta_{\mathrm{s}}^2\lambda_{\mathrm{s}}^2}} \tag{2-49}$$

式中，ζ_s 为易损零件系统的阻尼比；λ_s 为振动环境对零件系统的频率比，即

$$\lambda_s=\frac{p}{\omega_s}=\frac{f}{f_{sn}}$$

根据式(2-39)，易损零件对产品的相位差的正切为

$$\tan\varphi_s=\frac{2\zeta_s\lambda_s^3}{1-\lambda_s^2+4\zeta_s^2\lambda_s^2} \tag{2-50}$$

3. 易损零件对振动环境的响应

将式(2-44) 代入式(2-48)，就得到零件振幅与振动环境的振幅之间的关系

$$x_{sm}=\beta\beta_s y_m$$

令
$$H(f)=\beta\beta_s \tag{2-51}$$

再令
$$\psi=\varphi+\varphi_s \tag{2-52}$$

由式(2-47) 得

$$x_s=x_{sm}\sin(pt-\psi)=x_{sm}\sin(2\pi ft-\psi)$$

$$x_{sm}=H(f)y_m \tag{2-53}$$

式(2-53) 就是易损零件对振动环境的响应，x_{sm}是零件的振幅；y_m 是振动环境的振幅；$H(f)$ 是包装件［图 2-24(a)］的放大系数（传递率）；ψ 是零件对振动系统环境的相位差。

将式(2-42) 对 t 两次求导，得

$$\ddot{y}=-p^2y_m\sin pt=-4\pi^2f^2y_m\sin 2\pi ft$$

令
$$\ddot{y}_m=p^2y_m=4\pi^2f^2y_m \tag{2-54}$$

则

$$\ddot{y}=-\ddot{y}_m\sin pt=-\ddot{y}_m\sin 2\pi ft \tag{2-55}$$

式(2-55) 表明，当振动环境的位移时间函数为简谐函数时，它的加速度时间函数也是简谐函数，两者频率相同，相位相反。$\ddot{y}_m$ 是正弦曲线的波动幅度，称为振动环境的加速度峰值。

将式(2-53) 对 t 两次求导，得

$$\ddot{x}_s=-p^2x_{sm}\sin(pt-\psi)=-4\pi^2f^2x_{sm}\sin(2\pi ft-\psi)$$

令
$$\ddot{x}_{sm}=p^2x_{sm}=4\pi^2f^2x_{sm} \tag{2-56}$$

则
$$\ddot{x}_s=-\ddot{x}_{sm}\sin(pt-\psi)=-\ddot{x}_{sm}\sin(2\pi ft-\psi) \tag{2-57}$$

$\ddot{x}_{sm}$是正弦曲线的波动幅度，称为易损零件的加速度峰值，式(2-57) 表明，当振动环境的加速度为时间的简谐函数时，易损零件的加速度-时间函数也是简谐函数，两者频率相同，零件对振动环境的相位差仍为 ψ。

根据式(2-56) 与式(2-54)，易损零件响应与振动环境的加速度峰值的比值为

$$\frac{\ddot{x}_{sm}}{\ddot{y}_m}=\frac{x_{sm}}{y_m}=H(f) \tag{2-58}$$

由此可见，两者的加速度峰值比与振幅比都等于包装件［图 2-24(a)］的放大系数（传递率）。

二、包装件的幅频特性曲线

易损零件与振动环境的加速度峰值比

$$H(f)=\frac{\ddot{x}_{sm}}{\ddot{y}_m}$$

称为放大系数（传递率），且

$$H(f)=\beta\beta_s \tag{2-59}$$

$$\beta=\sqrt{\frac{1+4\zeta^2\lambda^2}{(1-\lambda^2)^2+4\zeta^2\lambda^2}},\ \lambda=\frac{f}{f_n}$$

$$\beta_s=\sqrt{\frac{1+4\zeta_s^2\lambda_s^2}{(1-\lambda_s^2)^2+4\zeta_s^2\lambda_s^2}},\ \lambda_s=\frac{f}{f_{sn}}$$

以放大系数（传递率）$H(f)$ 为纵坐标，以振动环境的激振频率 f 为横坐标，根据式(2-59) 绘制的 H-f 曲线称为包装件的幅频特性曲线，如图 2-26 所示。产品衬垫系统的固有频率 f_n 通常都明显地小于易损零件的固有频率 f_{sn}，所以 H-f 曲线通常为马鞍形，易损零件在振动环境激励下有两次共振，这是因为包装件［图 2-24(a)］为二自由度系统。可以近似地认为，易损零件对振动环境的第一次共振发生在激振频率 $f=f_n$ 时，第二次共振发生在激励频率 $f=f_{sn}$ 时。

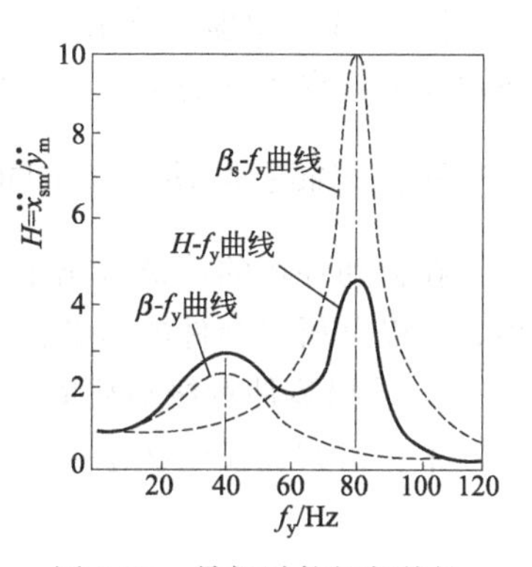

图 2-26　易损零件幅频特性曲线的两级估算法

例 2-8　有一包装件，产品衬垫系统的固有频率 $f_n=40$Hz，阻尼比 $\zeta=0.25$，零件系统的固有频率 $f_{sn}=80$Hz，阻尼比 $\zeta_s=0.05$，试用两级估算法绘制易损零件对振动环境的幅频特性曲线。

解　根据式(2-59)，产品衬垫系统的放大系数为

$$\beta=\sqrt{\frac{1+4\times0.25^2\lambda^2}{(1-\lambda^2)^2+4\times0.25^2\lambda^2}},\ \lambda=\frac{f}{40}$$

易损零件系统的放大系数为

$$\beta_s=\sqrt{\frac{1+4\times0.05^2\lambda_s^2}{(1-\lambda_s^2)^2+4\times0.05^2\lambda_s^2}},\ \lambda_s=\frac{f}{80}$$

振动环境的激振频率 f 分别取 20Hz、40Hz、60Hz、80Hz、100Hz、120Hz。对每一个给定的 f 值分别计算 β 与 β_s，然后将 β 与 β_s 相乘，就得到对应的易损零件对振动环境的放大系数，即

$$H(f)=\beta\beta_s$$

易损零件第一次共振发生在 $f=40$Hz 时，第一次共振的放大系数 $H_1=2.98$；第二次共振发生在 $f=80$Hz 时，第二次共振放大系数 $H_2=4.52$。计算过程从略，计算结果列于表2-1。根据表 2-1 绘制的 H-f 曲线见图 2-26。

表 2-1　H-f 曲线特征点计算

f_y	λ	β	λ_s	β_s	$H(f)$
20	0.50	1.30	0.25	1.07	1.39
40	1.00	2.24	0.50	1.33	2.98
60	1.50	0.86	0.75	2.25	1.94
70	1.75	0.59	0.88	4.01	2.37
80	2.00	0.45	1.00	10.05	4.52
90	2.25	0.36	1.13	3.49	1.26
100	2.50	0.30	1.25	1.75	0.53
120	3.00	0.22	1.50	0.80	0.18

图 2-26 还用虚线绘出了产品衬垫系统的 β-f 曲线和零件系统的 β_s-f 曲线，只要将这两条曲线上频率相同的两点的纵坐标相乘，就得到 H-f 曲线上对应点的纵坐标。

三、易损零件两次共振时的加速度峰值

在振动环境的简谐激励下，易损零件两次共振时的振动比较强烈，有可能造成产品破损，所以分析包装件的简谐振动最终是要计算易损零件的两次共振的加速度峰值。

1. 易损零件对振动环境的第一次共振

第一次共振发生在激振频率 $f=f_n$ 时，$\lambda=1$，所以产品衬垫系统的放大系数为

$$\beta=\sqrt{\frac{1+4\zeta^2}{4\zeta^2}}$$

在 f_n 明显地小于 f_{sn} 的情况下，若激振频率 $f=f_n$，ζ_s 很小和 $\zeta_s=0$ 的幅频特性曲线非常接近。所以，在 f_n 明显地小于 f_{sn} 而 ζ_s 又很小的情况下，若激振频率 $f=f_n$，可取零件系统的放大系数

$$\beta_s=\frac{1}{1-\lambda_s^2},\quad \lambda_s=\frac{f_n}{f_{sn}}$$

根据式(2-59)，易损零件对振动环境第一次共振的放大系数为

$$H_1=\frac{1}{1-\lambda_s^2}\sqrt{\frac{1+4\zeta^2}{4\zeta^2}},\lambda_s=\frac{f_n}{f_{sn}} \tag{2-60}$$

2. 易损零件对振动环境的第二次共振

第二次共振发生在激振频率 $f=f_{sn}$ 时，产品衬垫系统的放大系数为

$$\beta=\sqrt{\frac{1+4\zeta^2\lambda^2}{(1-\lambda^2)^2+4\zeta^2\lambda^2}},\quad \lambda=\frac{f_{sn}}{f_n}$$

当 $f=f_{sn}$ 时，$\lambda_s=1$。如果 ζ_s 很小，可取零件系统的放大系数为

$$\beta_s=\frac{1}{2\zeta_s}$$

根据式(2-59)，易损零件对振动环境第二次共振的放大系数为

$$H_2=\frac{1}{2\xi_s}\sqrt{\frac{1+4\zeta^2\lambda^2}{(1-\lambda^2)^2+4\zeta^2\lambda^2}},\lambda=\frac{f_{sn}}{f_n} \tag{2-61}$$

已知振动环境的加速度峰值 $\ddot{y}_m$，就可以求得易损零件两次共振的加速度峰值

$$\ddot{x}_{sm1}=H_1\ddot{y}_m,\quad x_{sm2}=H_2\ddot{y}_m$$

在分析易损零件的两次共振时，既可以按式(2-60)和式(2-61)计算，也可以用图 2-27 图解。图 2-27 也是单自由度支座激励系统的幅频特性曲线，与图 2-12 的区别是它的纵轴与横轴都采用对数坐标，看起来非常清楚。两级估算法将包装件分解为两个单自由度支座激励系统，因此既可以用图 2-27 确定产品衬垫系统的放大系数，也可以用图 2-27 确定零件系统的放大系数。

例 2-9 有一包装件，产品衬垫系统的固有频率 $f_n=30\text{Hz}$，阻尼比 $\zeta=0.2$，零件系统的固有频率 $f_{sn}=80\text{Hz}$，阻尼比 $\zeta_s=0.05$，振动环境的激振频率 $f=1\sim100\text{Hz}$，加速度峰值 $\ddot{y}_m=3g$，试求易损零件两次共振的加速度峰值。

解 第一次共振发生在 $f=30\text{Hz}$ 时，对于产品衬垫系统，$\lambda=1$，$\zeta=0.2$，从图 2-27 查得 $\beta=2.6$；对于零件系统，$\lambda_s=0.375$，$\zeta_s=0.05$，从图 2-27 查得 $\beta_s=1.2$。包装件第一次

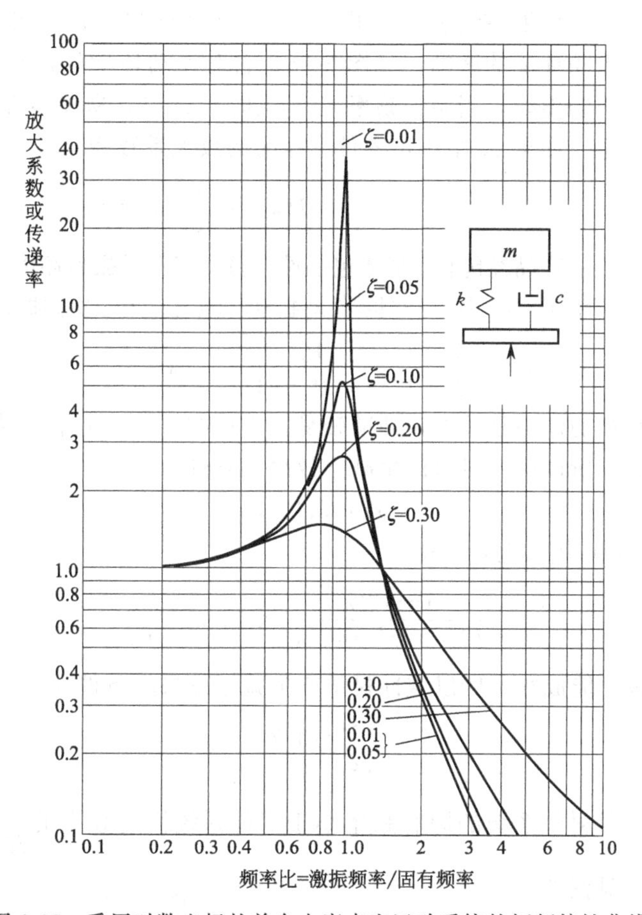

图 2-27 采用对数坐标的单自由度支座运动系统的幅频特性曲线

共振的放大系数为

$$H_1=\beta\beta_s=2.6\times1.2=3.12$$

易损零件第一次共振的加速度峰值为

$$\ddot{x}_{sm}=H_1\ \ddot{y}_m=3.12\times3g=9.36g$$

第二次共振发生在 $f=80\text{Hz}$，对于产品衬垫系统，$\lambda=2.67$，$\zeta=0.2$，从图 2-27 查得 $\beta=0.24$；对于零件系统，$\lambda_s=1$，$\zeta_s=0.05$，从图 2-27 查得 $\beta_s=10$。包装件第二次共振的放大系数为

$$H_2=\beta\beta_s=0.24\times10=2.4$$

易损零件第二次共振的加速度峰值为

$$\ddot{x}_{sm}=H_2\ \ddot{y}_m=2.4\times3g=7.2g$$

四、缓冲衬垫对易损零件振动的影响

缓冲衬垫的作用，一是缓冲，二是减振。缓冲衬垫能不能减振，主要取决于两个固有频率的比值，一个是产品衬垫系统的固有频率 f_n，另一个是零件系统的固有频率 f_{sn}。f_n 与 f_{sn} 比例适当，缓冲衬垫就能减振。f_n 与 f_{sn} 比例不当，缓冲衬垫不但不能减振，反而还会加剧易损零件的振动。在设计缓冲包装时，产品质量 m 和易损零件的固有频率 f_{sn} 是不能随意改变的，所以改变两个固有频率比的方法只能是调节缓冲衬垫的弹性常数 k。

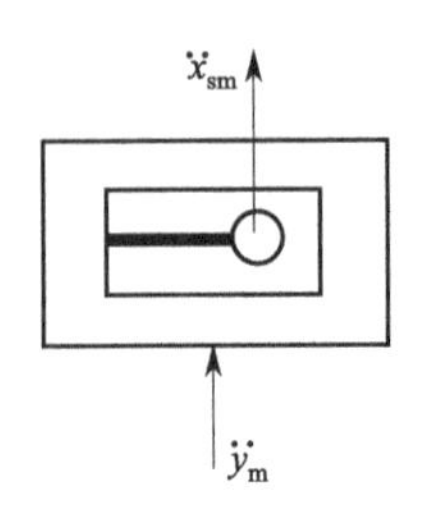

图 2-28 无包装情况

如果不经包装就用车、船、飞机运输产品，易损零件将直接受到振动环境的激励，见图 2-28，它对振动环境的幅频特性曲线如图 2-29 中的虚线。当激振频率 $f=f_{sn}$时，$\lambda=1$，易损零件对振动环境发生共振。如果 ζ_s 很小，零件共振时的放大系数为

$$H_{max}=\frac{1}{2\zeta_s}(\lambda_s=1) \tag{2-62}$$

产品经包装后形成包装件，易损零件对振动环境有两次共振。当激励频率 $f=f_{sn}$时，易损零件对振动环境发生第二次共振，其放大系数为

$$H_2=\frac{1}{2\zeta_s}\sqrt{\frac{1+4\zeta^2\lambda^2}{(1-\lambda^2)^2+4\zeta^2\lambda^2}},\ \lambda=\frac{f_{sn}}{f_n} \tag{2-63}$$

包装件中缓冲衬垫的作用是减振，即减轻易损零件在振动环境下的受迫振动，减振效果是相对无包装而言的，所以缓冲衬垫产生减振效果的条件为

$$H_2<H_{max}$$

将式(2-62) 与式(2-63) 代入上式，得

$$\sqrt{\frac{1+4\zeta^2\lambda^2}{(1-\lambda^2)^2+4\zeta^2\lambda^2}}<1,\ \lambda=\frac{f_{sn}}{f_n}$$

只有 $\lambda>\sqrt{2}$时，上式才能成立，所以缓冲衬垫产生减振效果的条件为

$$f_n<\frac{f_{sn}}{\sqrt{2}}=0.707f_{sn} \tag{2-64}$$

由此可见，只有当产品衬垫系统的固有频率小于零件系统固有频率的$\frac{1}{\sqrt{2}}$时，缓冲衬垫才有可能产生减振效果，见图 2-29。

如果产品衬垫系数的固有频率等于零件系统固有频率的$\frac{1}{\sqrt{2}}$，即

$$f_n=\frac{f_{sn}}{\sqrt{2}}=0.707f_{sn} \tag{2-65}$$

则在激励频率 $f=f_{sn}$时，有包装与无包装的放大系数相等（图 2-29），缓冲衬垫没有减振效果。如果产品衬垫系统的固有频率大于零件系统固有频率的$\frac{1}{\sqrt{2}}$，即

$$f_n=\frac{f_{sn}}{\sqrt{2}}=0.707f_{sn} \tag{2-66}$$

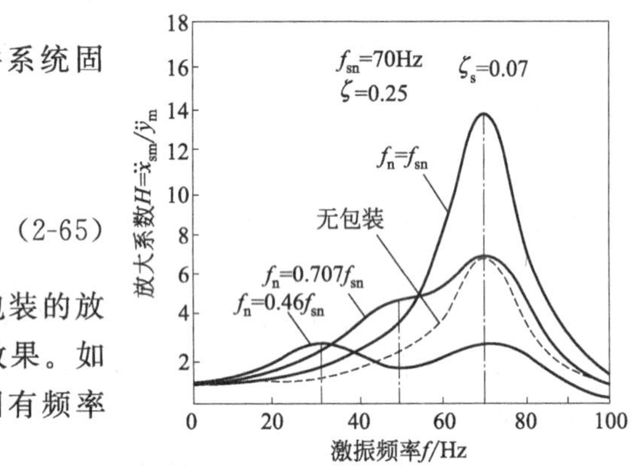

图 2-29 缓冲衬垫对易损零件振动的影响

缓冲衬垫不但不能减振，反而会加剧易损零件的振动。特别是在 $f_n=f_{sn}$的情况下，当激振频率 $f=f_{sn}$时，$\lambda=1$，$\lambda_s=1$，产品衬垫系统和零件系统同时发生共振，易损零件对振动环境的放大系数为

$$H_2=\frac{1}{2\zeta_s}\sqrt{\frac{1+4\zeta^2}{4\zeta^2}} \tag{2-67}$$

在这种情况下，易损零件的振动最为强烈（图 2-29），有可能造成产品破损，应特别注意。

例 2-10 产品质量 $m=15\text{kg}$。所用缓冲衬垫的弹性模量 $E=800\text{kPa}$，衬垫面积 $A=400\text{cm}^2$，衬垫厚度 h 分别取 1.10cm、2.16cm、5.28cm，试求这三种情况下衬垫的弹性常数及产品衬垫系统的固有频率。

解 衬垫厚度 $h=1.10\text{cm}$ 时，其弹性常数为

$$k=\frac{EA}{h}=\frac{800\times400\times10^{-4}}{1.10}=29.09\ (\text{kN/cm})$$

产品衬垫系统的固有频率为

$$f_n=\frac{1}{2\pi}\sqrt{\frac{k}{m}}=\frac{1}{2\pi}\sqrt{\frac{29.09\times10^5}{15}}=70\ (\text{Hz})$$

衬垫厚度 $h=2.16\text{cm}$ 时其弹性常数为

$$k=\frac{EA}{h}=\frac{800\times400\times10^{-4}}{2.16}=14.81\ (\text{kN/cm})$$

产品衬垫系统的固有频率为

$$f_n=\frac{1}{2\pi}\sqrt{\frac{k}{m}}=\frac{1}{2\pi}\sqrt{\frac{14.81\times10^5}{15}}=50\ (\text{Hz})$$

衬垫厚度 $h=5.28\text{cm}$ 时，其弹性常数为

$$k=\frac{EA}{h}=\frac{800\times400\times10^{-4}}{5.28}=6.06\ (\text{kN/cm})$$

产品衬垫系统的固有频率为

$$f_n=\frac{1}{2\pi}\sqrt{\frac{k}{m}}=\frac{1}{2\pi}\sqrt{\frac{6.06\times10^5}{15}}=32\ (\text{Hz})$$

例 2-11 产品中易损零件的固有频率 $f_{sn}=70\text{Hz}$，阻尼比 $\zeta_s=0.07$，产品衬垫系统的阻尼比 $\zeta=0.25$，固有频率 f_n 分别为 70Hz、50Hz、32Hz，已知振动环境的激振频率 $f=1\sim100\text{Hz}$，加速度峰值 $\ddot{y}_m=3g$，试分析这三种情况下缓冲衬垫的减振效果。

解 如果不包装，产品将直接受到振动环境的激励，易损零件将在 $f=70\text{Hz}$ 时发生共振，共振时的放大系数及加速度峰值为

$$H_{max}=\frac{1}{2\zeta_s}=\frac{1}{2\times0.07}=7.14$$

$$\ddot{x}_{sm}=H_{max}\ddot{y}_m=7.14\times3g=21.42g$$

1. $f_n=70\text{Hz}$ 的情况

因为 $f_n=f_{sn}$，易损零件的两次共振归并为一次，发生在 $f=70\text{Hz}$ 时，共振时的放大系数及加速度峰值为

$$H_2=\frac{1}{2\zeta_s}\sqrt{\frac{1+4\zeta^2}{4\zeta^2}}=\frac{1}{2\times0.07}\sqrt{\frac{1+4\times0.25^2}{4\times0.25^2}}=15.97$$

$$\ddot{x}_{sm2}=H_2\ddot{y}_m=15.97\times3g=47.91g$$

加速度峰值是无包装的 2.24 倍。由此可见，缓冲衬垫在这种情况下不但不能减振，反而加剧了易损零件的振动。

2. $f_n=50\text{Hz}$ 的情况

易损零件第一次共振发生在 $f=50\text{Hz}$ 时，$\lambda_s=50/70=0.71$，其放大系数及加速度峰值为

$$H_1=\frac{1}{1-\lambda_s^2}\sqrt{\frac{1+4\zeta^2}{4\zeta^2}}=\frac{1}{1-0.71^2}\sqrt{\frac{1+4\times0.25^2}{4\times0.25^2}}=4.52$$

$$\ddot{x}_{sm1}=H_1\ \ddot{y}_m=4.52\times3g=13.56g$$

易损零件第二次共振发生在 $f=70\text{Hz}$ 时，$\lambda=70/50=1.4$，其放大系数及加速度峰值为

$$H_2=\frac{1}{2\zeta_s}\sqrt{\frac{1+4\zeta^2\lambda^2}{(1-\lambda^2)^2+4\zeta^2\lambda^2}}=\frac{1}{2\times0.07}\sqrt{\frac{1+4\times0.25^2\times1.4^2}{(1-1.4^2)^2+4\times0.25^2\times1.4^2}}=7.34$$

$$\ddot{x}_{sm2}=H_2\ \ddot{y}_m=7.34\times3g=22.02g$$

第二次共振的加速度峰值与无包装相等，有包装与无包装一样，所以缓冲衬垫没有减振效果。

3. $f_n=32\text{Hz}$ 的情况

易损零件的第一次共振发生在 $f=32\text{Hz}$ 时，$\lambda_s=32/70=0.46$，其放大系数及加速度峰值为

$$H_1=\frac{1}{1-\lambda_s^2}\sqrt{\frac{1+4\zeta^2}{4\zeta^2}}=\frac{1}{1-0.46^2}\sqrt{\frac{1+4\times0.25^2}{4\times0.25^2}}=2.84$$

$$\ddot{x}_{sm1}=H_1\ \ddot{y}_m=2.84\times3g=8.52g$$

易损零件的第二次共振发生在 $f=70\text{Hz}$ 时，$\lambda=70/32=2.19$，其放大系数及加速度峰值为

$$H_2=\frac{1}{2\zeta_s}\sqrt{\frac{1+4\zeta^2\lambda^2}{(1-\lambda^2)^2+4\zeta^2\lambda^2}}\qquad H_2=\frac{1}{2\times0.07}\sqrt{\frac{1+4\times0.25^2\times2.19^2}{(1-2.19^2)^2+4\times0.25^2\times2.19^2}}=2.68$$

$$\ddot{x}_{sm2}=H_2\ \ddot{y}_m=2.68\times3g=8.04g$$

易损零件两次共振的强烈程度相当，加速度峰值比无包装下降了 62%，缓冲衬垫的减振效果非常明显，这是因为 $f_n=0.43f_{sn}$，即产品衬垫系统的固有频率比零件系统的固有频率低得多。图 2-29 就是根据本例的计算结果绘制的。

第七节 包装件的随机振动

汽车、火车、船舶、飞机的实际振动都不是简谐振动，而是随机振动，所以包装件在实际振动环境激励下的受迫也是随机振动。随机振动虽然不能用时间的确定函数描述，但又具有一定的统计规律性。只有把握随机振动的统计规律性，才有可能真正了解包装件在流通过程中的振动情况。

一、随机振动的基本概念

对随机振动进行测试称为试验，试验获得的加速度-时间 $\ddot{y}$-t 曲线称为样本函数。见图 2-30。图中 t_m 是样本函数的时间总长。

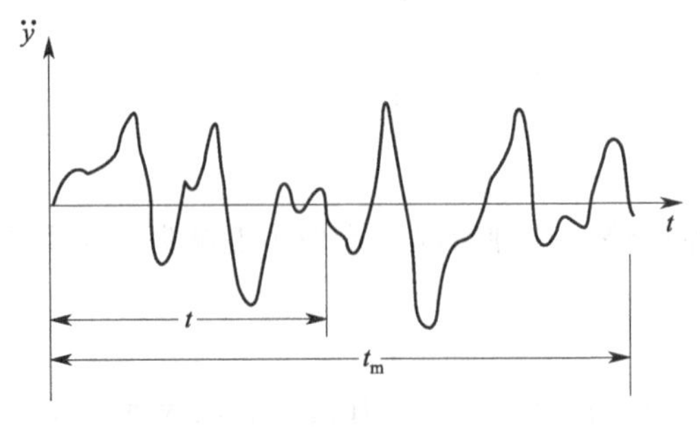

图 2-30 随机振动的样本函数

随机振动有两个明显的特征：

1. 不可预知

随机振动的加速度 $\ddot{y}$ 是随机变量，它的取值不可能预知，只有通过试验才能获得加速度-时间 $\ddot{y}$-t 曲线。

2. 不会重复

在完全相同的条件下对随机振动进行试验，不论试验多少次，都不会出现两个一模一样的

样本函数。

因为不可预知，也不会重复，所以随机振动不可能用时间的确定函数描述。

随机振动的“随机性”有强弱的区别，最简单的情况是具有各态历经性的平稳随机振动，汽车、火车、船舶、飞机的振动就属于这种类型。从理论上说，只有取无限多个样本函数的集合，才能对随机振动进行统计分析。但是，就具有各态历经性的平稳随机振动而言，在完全相同的条件下进行试验，各次试验获得的样本函数是不同的，但由任一样本函数求得的统计特性与样本集合的统计特性都完全一样。所以，对于这类随机振动，只要从样本集合中任取一个时间历程足够长的样本函数进行统计分析，就能把握整个集合的统计特性。

二、振动环境的统计特性

1. 平均值与均方值

振动环境的样本函数见图 2-30，将瞬时 t 的加速度记作 $\ddot{y}(t)$，振动环境的平均值记作，$E[\ddot{y}]$ 即

$$E[\ddot{y}]=\frac{1}{t_m}\int_0^{t_m}\ddot{y}(t)\mathrm{d}t \tag{2-68}$$

对于车、船、飞机来说，其加速度的平均值为零，即

$$E[\ddot{y}]=0$$

为了评价振动环境的强弱，因此取 $\ddot{y}^2(t)$ 的平均值，称为加速度的均方值，记作 $E[\ddot{y}^2]$，即

$$E[\ddot{y}^2]=\frac{1}{t_m}\int_0^{t_m}\ddot{y}^2(t)\mathrm{d}t \tag{2-69}$$

2. 幅值概率密度函数

样本函数 $\ddot{y}(t)$ 在各瞬时所取的量值 $\ddot{y}$ 称为幅值，幅值的最大值 $\ddot{y}_{\max}$ 称为峰值。用 Δt_1，Δt_2，…，Δt_n 表示 $\ddot{y}(t)$ 在 $\ddot{y}$ 至 $\ddot{y}+\Delta\ddot{y}$ 区间内取值的时间（图 2-31），则 $\ddot{y}(t)$ 出现在 $\ddot{y}$ 至 $\ddot{y}+\Delta\ddot{y}$ 区间内的概率为

$$\Delta P=\frac{\Delta t_1+\Delta t_2+\cdots+\Delta t_n}{t_m}=\frac{\sum_{i=1}^{n}\Delta t_i}{t_m}$$

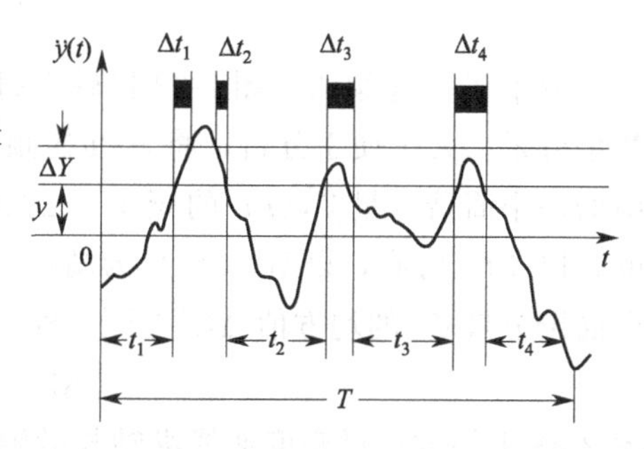

图 2-31 $\ddot{y}(t)$ 出现在 $\ddot{y}$ 至 $\ddot{y}+\Delta\ddot{y}$ 区间的时间

$\ddot{y}(t)$ 出现在 $\ddot{y}$ 至 $\ddot{y}+\Delta\ddot{y}$ 区间内的概率 ΔP 与幅值改变量 $\Delta\ddot{y}$ 的比值称为幅值的平均概率密度，用 P^* 表示，即

$$P^*=\frac{\Delta P}{\Delta\ddot{y}} \tag{2-70}$$

当 $\Delta\ddot{y}\to 0$ 时，P^* 的极限称为 $\ddot{y}(t)=\ddot{y}$ 时的幅值概率密度，用 $P(\ddot{y})$ 表示，即

$$P(\ddot{y})=\lim_{\Delta\ddot{y}\to 0}\frac{\Delta P}{\Delta\ddot{y}}=\frac{\mathrm{d}P}{\mathrm{d}\ddot{y}} \tag{2-71}$$

以幅值 $\ddot{y}$ 为横坐标，以平均概率密度 P^* 为纵坐标，作一个直角坐标系，见图 2-32。将幅度 $\ddot{y}$ 分为许多微小区间 $\Delta\ddot{y}$，对每个 $\Delta\ddot{y}$ 作一个矩形，矩形的面积等于 $\ddot{y}(t)$ 出现在 $\ddot{y}$ 至 $\ddot{y}+\Delta\ddot{y}$ 区间内的概率 ΔP，矩形的高度就是平均概率密度 P^*，这样的图形称为 $\ddot{y}(t)$ 的幅值概率分布直方图。将直方图各顶线中点连成一条连续光滑的曲线，它就是近似的幅值概率密

度曲线。样本函数的时间历程愈长，幅值间隔愈小，绘出的幅值概率密度曲线就愈精确。

大量试验证明，车、船、飞机振动的幅值概率密度函数接近正态分布，见图 2-32。

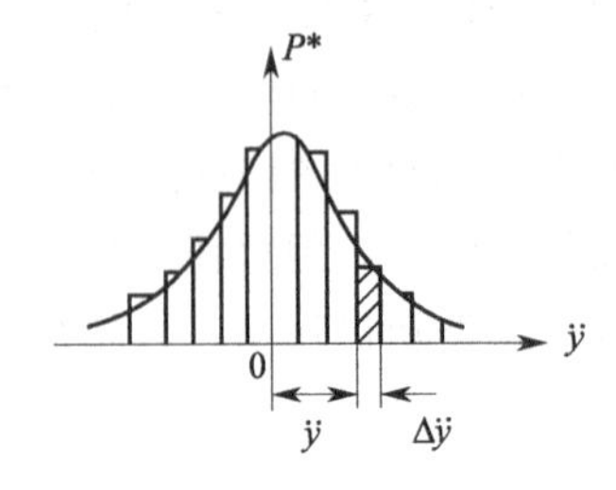

图 2-32 $\ddot{y}(t)$ 的幅值概率分布直方图

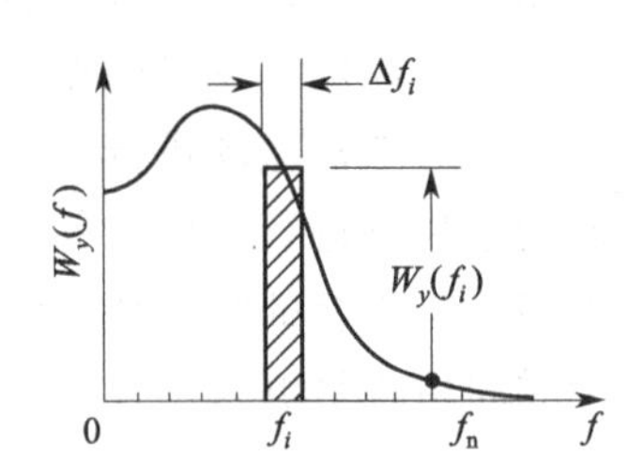

图 2-33 功率谱密度函数的物理意义

3. 均方值谱密度函数

富氏积分公式表明，非周期函数在一定条件下可以分解为一系列频率连续分布的简谐函数。随机振动能满足富氏积分公式提出的条件，所以富氏积分公式也能应用于随机振动，由此得到的是样本函数的均方值谱密度函数，见图 2-33。图中横坐标 f 是样本函数所含各简谐分量的频率，单位为 Hz；纵坐标 $W_y(f)$ 是样本函数的均方值谱密度，单位为 g^2/Hz。均方值谱密度函数的重要意义在于，它既能反映样本函数均方值的大小，又能反映各简谐分量均方值的大小以及这些简谐分量在总量中所占的比例。

均方值谱密度函数描述样本函数的均方值随频率的分布情况，其曲线与纵轴及横轴围成的图形（图 2-33）的面积就等于样本函数的均方值，即

$$\int_0^{\infty} W_y(f)\mathrm{d}f = E[\ddot{y}^2] \tag{2-72}$$

频率 f 是连续的，图 2-33 横轴上每一个点对应着一个简谐分量，因此样本函数含有无数个分量。为了便于分析，将连续的频率 f 离散为 n 个：f_1，f_2，f_3，…，f_n，f_i 是其中的一个简谐分量 $\ddot{y}_t(t)$ 的频率，Δf_i 是离散间隔，$W_y(f_i)$ 是频率为 f_i 的均方值谱密度，以 Δf_i 为底，以 $W_y(f_i)$ 为高作一个矩形（图中阴影部分），这个矩形的面积就是第 i 个简谐分量 $\ddot{y}_i$ 的均方值 $\Delta E[\ddot{y}_i^2]$，即

$$\Delta E[\ddot{y}^2] = W_y(f_i)\Delta f_i \tag{2-73}$$

图 2-33 上均方值谱密度曲线纵轴与横轴围成的图形面积可视为这些矩形的组合，故

$$E[\ddot{y}^2] = \sum_{i=1}^{n} \Delta E[\ddot{y}_i^2] \tag{2-74}$$

将频率为 f_i 的简谐分量 $\ddot{y}_i(t)$ 表达为

$$\ddot{y}_i(t) = \ddot{y}_{im}\sin(2\pi f_i t - \alpha_i) \tag{2-75}$$

$\ddot{y}_{im}$ 与 α_i 是第 i 个简谐分量的峰值与相位差。根据式(2-73)，第 i 个简谐分量的周期为 T_i，则其均方值为

$$\Delta E[\ddot{y}_i^2] = \frac{\ddot{y}_{im}^2}{T_i}\int_0^{T_i} \sin^2(2\pi f_i t - \alpha_i)\mathrm{d}t$$

由此得到

$$\Delta E[\ddot{y}_i^2] = \frac{1}{2}\ddot{y}_{im}^2 \tag{2-76}$$

将式(2-76) 代入式(2-73)，得

$$\ddot{y}_{im}=\sqrt{2W_y(f_i)\Delta f_i} \tag{2-77}$$

由此可见，只要知道振动环境的均方值谱密度函数，就可以求得各简谐分量的加速度峰值。

例 2-12　随机振动环境的均方值谱密度函数见图 2-34，试求这种环境的加速度均方值与均方根。以间隔 $\Delta f=10\text{Hz}$ 将随机振动环境分解为 189 个简谐分量，试求 $f_i=100\text{Hz}$ 的简谐分量的加速度峰值。

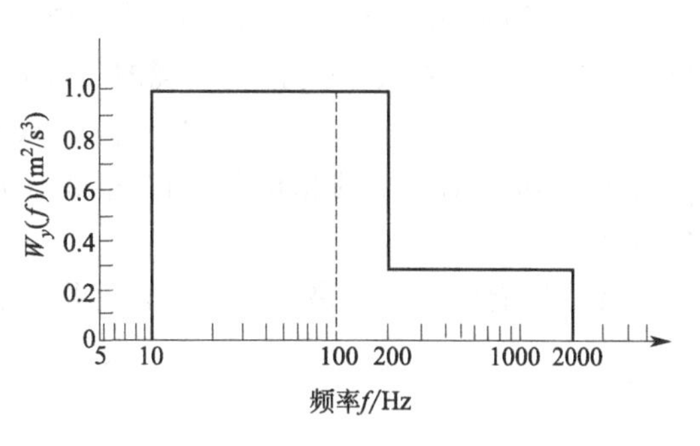

图 2-34　振动环境的均方值谱密度函数

解　振动环境的均方值等于图 2-34 上图形的面积，故

$$E[\ddot{y}^2]=\int_{10}^{2000}W_y(f)\mathrm{d}f=\int_{10}^{200}W_y(f)\mathrm{d}f+\int_{200}^{2000}W_y(f)\mathrm{d}f$$

$$=1\times(200-10)+0.3\times(2000-200)=730(\text{m}^2/\text{s}^4)=7.59g^2$$

振动环境的均方根为

$$\sqrt{E[\ddot{y}^2]}=\sqrt{730}=27.02\ (\text{m}/\text{s}^2)=2.75g$$

$f_i=100\text{Hz}$ 的简谐分量的加速度峰值为

$$\ddot{y}_{im}=\sqrt{2W_y(f_i)\Delta f_i}=\sqrt{2\times1\times10}=4.47(\text{m}/\text{s}^2)=0.46g$$

三、易损零件对振动环境的响应

将连续分布的频率 f 离散，就可以将样本函数分解为 n 个简谐函数，已知均方值谱密度函数，就可以求得各简谐分量的峰值 $\ddot{y}_{im}$，如果再知道样本函数的相位信息，又可以求得各简谐分量的相位差 α_i，因此可以将样本函数的各简谐分量 $\ddot{y}_t(t)$ 表达为

$$\ddot{y}_i(t)=\ddot{y}_{im}\sin(2\pi f_it-\alpha_i)\ (i=1,2,\cdots,n) \tag{2-78}$$

将这些简谐分量叠加，就可以将原来的样本函数近似地表达为

$$\ddot{y}(t)=\sum_{i=1}^{n}\ddot{y}_{im}\sin(2\pi f_it-\alpha_i) \tag{2-79}$$

离散个数愈多，离散间隔愈小，式(2-79) 就愈是接近原来的样本函数。

将式(2-79) 视为振动环境对包装件的激励，先求解易损零件对第 i 个简谐分量 $\ddot{y}_i(t)$ 的响应，如图 2-35(a)。根据式(2-57)，易损零件在 $\ddot{y}_i(t)$ 激励下的稳态受迫振动为

$$\ddot{x}_{si}(t)=\ddot{x}_{sim}\sin(2\pi f_it-\alpha_i-\psi_i)\ (i=1,2,\cdots,n) \tag{2-80}$$

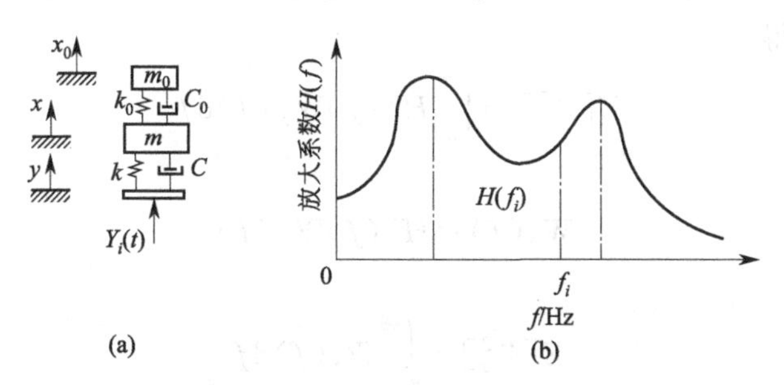

图 2-35　包装件在简谐分量 $\ddot{y}_i(t)$ 激励下的放大系数 $H(f_i)$

根据式(2-58)，$\ddot{x}_{si}(t)$ 的加速度峰值为

$$\ddot{x}_{sim}=H(f_i)\ddot{y}_{im}(i=1,2,\cdots,n) \tag{2-81}$$

$H(f_i)$ 是激振频率 $f=f_i$ 的包装件的放大系数，见图 2-35(b)，其计算公式见式(2-59)。根据式(2-52) 易损零件对振动环境的相位差为

$$\psi_i=\varphi_i+\varphi_{si}(i=1,2,\cdots,n) \tag{2-82}$$

φ_i 是产品对振动环境的相位差，按式(2-46) 计算；φ_{si} 是易损零件对产品的相位差，按式(2-50) 计算。

将零件响应的各简谐分量叠加，就得到它在随机振动环境激励下的随机振动，即

$$\ddot{x}_s(t)=\sum_{i=1}^{n}\ddot{x}_{sim}\sin(2\pi f_i t-\alpha_i-\psi_i) \tag{2-83}$$

四、易损零件响应的统计特性

易损零件第 i 个简谐响应的周期为 T_{si}，则其均方值分量为

$$\Delta E_i[\ddot{x}_s^2]=\frac{\ddot{x}_{sim}^2}{T_{si}}\int_0^{T_{si}}\sin^2(2\pi f_i t-\alpha_i-\psi_i)\mathrm{d}t$$

由此得到

$$\Delta E_i[\ddot{x}_s^2]=\frac{1}{2}\ddot{x}_{sim}^2$$

代入式(2-81) 后，得

$$\Delta E_i[\ddot{x}_s^2]=\frac{1}{2}H^2(f_i)\ddot{y}_{im}^2$$

代入式(2-76) 后，得

$$\Delta E_i[\ddot{x}_s^2]=H^2(f_i)\Delta E[\ddot{y}^2]$$

代入式(2-73) 后，得

$$\Delta E_i[\ddot{x}_s^2]=H^2(f_i)W_y(f_i)\Delta f_i(i=1,2,\cdots,n) \tag{2-84}$$

各简谐响应均方值之和就是零件响应的加速度均方值，即

$$E[\ddot{x}_s^2]=\sum_{i=1}^{n}\Delta E_i[\ddot{x}_s^2]$$

将式(2-84) 代入后，得

$$E[\ddot{x}_s^2]=\sum_{i=1}^{n}H^2(f_i)W_y(f_i)\Delta f_i \tag{2-85}$$

离散频率的个数愈多，离散间隔愈小，式(2-85) 就愈是准确。如果令 $n\to\infty$，$\Delta f_i\to 0$，对式(2-85) 取极限，得

$$E[\ddot{x}_s^2]=\int_0^{\infty}H^2(f)W_y(f)\mathrm{d}f \tag{2-86}$$

令

$$W_s(f)=H^2(f)W_y(f) \tag{2-87}$$

则

$$E[\ddot{x}_s^2]=\int_0^{\infty}W_s(f)\mathrm{d}f \tag{2-88}$$

因为 $W_s(f)\mathrm{d}f$ 是频率为 f 的简谐分量的均方值分量，所以 $W_s(f)$ 是零件响应的加速度均

方值谱密度函数，它描述零件响应的均方值随频率的分布情况。式(2-87)表明，只要在频率相同的条件下将振动环境的谱密度乘以包装件放大系数的平方，就可求得与该频率对应的零件响应的均方值谱密度。取一系列离散的频率，分别计算零件响应的谱密度，就可以绘制出零件响应的均方值谱密度曲线，见图2-36。式(2-88)表明，零件响应的加速度均方值等于谱密度曲线与纵轴及横轴围成的图形的面积，所以求零件响应的均方值最后归结为计算这个图形的面积。

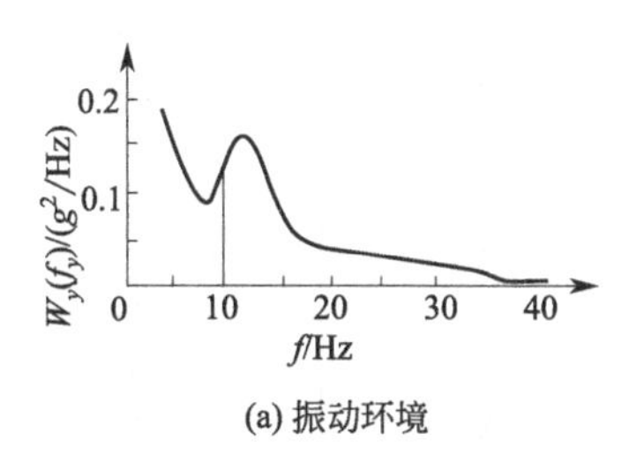

(a) 振动环境

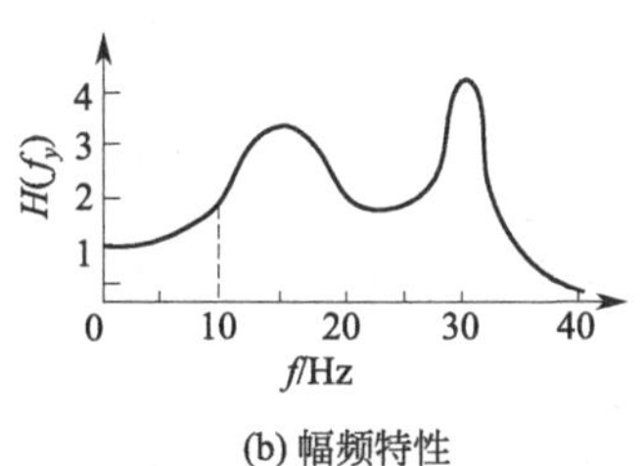

(b) 幅频特性

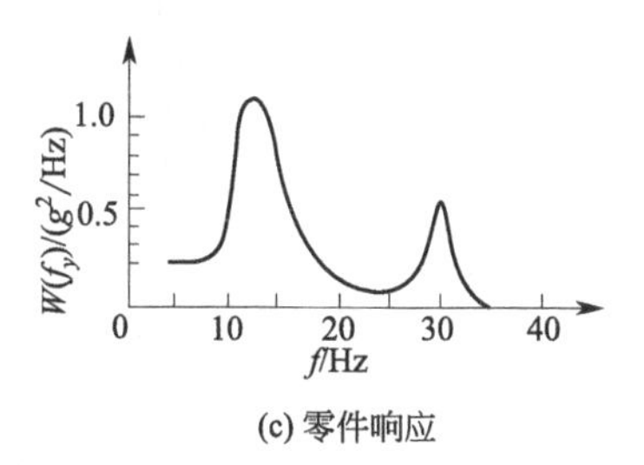

(c) 零件响应

图 2-36 零件响应的均方值谱密度曲线

包装件的力学模型是个常系数线性系统。根据概率统计理论，对于包装件这样的系统，如果振动环境是正态过程，则零件响应必然也是正态过程。随机振动理论还证明，如果振动环境的平均值为零，那么零件响应的平均值也一定为零。

为了便于书写，用σ_s表示零件响应的均方根，即

$$\sigma_s=\sqrt{E[\ddot{x}_s^2]} \tag{2-89}$$

因为零件响应的幅值接近正态分布（图2-37），其幅值的平均值又为零，所以它的幅值概率密度函数可以表达为

$$p(\ddot{x}_s)=\frac{1}{\sqrt{2\pi}\sigma_s}e^{-\frac{1}{2}\left(\frac{\ddot{x}_s}{\sigma_s}\right)^2} \tag{2-90}$$

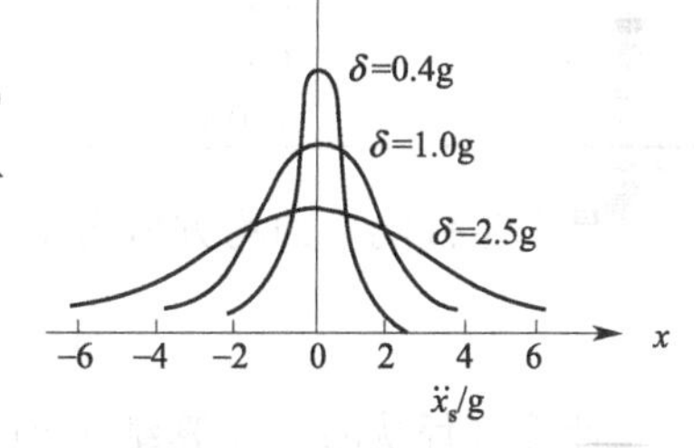

图 2-37 幅值概率密度曲线

概率理论证明，不论均方根σ_s是大还是小，零件响应$\ddot{x}_s(t)$在$(-3\sigma_s, 3\sigma_s)$区间内取值的概率为0.9974，超出这个区间的概率仅为0.26%。一般认为概率仅为0.26%的随机事件不可能出现，所以零件响应可能出现的最大加速度为

$$\ddot{x}_{smax}=3\sigma_s=3\sqrt{E[\ddot{x}_s^2]} \tag{2-91}$$

例 2-13 有一包装件，产品衬垫系统的阻尼比$\zeta=0.2$，固有频率$f_n=15$Hz，零件系统的阻尼比$\zeta_s=0.05$，固有频率$f_{sn}=30$Hz。该包装件采用卡车运输，卡车的加速度均方值谱密度函数见图2-36(a)，曲线上特征点的数值见表2-2，试求易损零件响应的加速度均方值与最大值。

解 根据式(2-59)，包装件的放大系数（传递率）为

$$H=\frac{\ddot{x}_{sm}}{\ddot{y}}=\beta(f)\beta_s(f)$$

$$\beta(f)=\sqrt{\frac{1+0.0007f^2}{(1-0.0044f^2)^2+0.0007f^2}}$$

$$\beta_s(f)=\sqrt{\frac{1+0.000011f^2}{(1-0.0011f^2)^2+0.000011f^2}}$$

按上式计算的包装件幅频特性曲线的特征点列于表 2-2。根据表 2-2 绘制的包装件幅频特征曲线见图 2-36(b)。

表 2-2 零件响应的均方值计算

f/Hz	$W_y(f)/(g^2/\text{Hz})$	$H(f)$	$W_s(f)/(g^2/\text{Hz})$	Δf/Hz	$\Delta E[\ddot{x}_s^2]/g^2$
4	0.200	1.09	0.2376	2	0.4494
6	0.140	1.23	0.2118	2	0.3847
8	0.080	1.47	0.1729	2	0.7737
10	0.170	1.88	0.6008	2	1.7236
12	0.170	2.57	1.1228	2	2.0695
14	0.080	3.44	0.9467	2	1.5315
16	0.050	3.42	0.5848	2	0.9056
18	0.045	2.67	0.3208	2	0.5092
20	0.040	2.17	0.1884	2	0.3188
22	0.035	1.93	0.1304	2	0.2544
24	0.034	1.91	0.1240	2	0.2780
26	0.033	2.16	0.1540	2	0.4305
28	0.032	2.94	0.2765	2	0.8032
30	0.030	4.19	0.5267	2	0.6555
32	0.025	2.26	0.1288	2	0.1530
34	0.020	1.10	0.0242	2	0.0353
36	0.015	0.86	0.0111	2	0.0129
38	0.010	0.42	0.0018	2	0.0023
40	0.005	0.30	0.0005		
	1.194				11.2911

易损零件响应的均方值谱密度函数为

$$W_s(f)=H^2(f)W_y(f)$$

计算过程从略，计算结果列于表 2-2。根据表 2-2 绘制的均方值谱密度曲线见图 2-36(c)。

取离散间隔 $\Delta f=2\text{Hz}$，从 $f=4\sim40\text{Hz}$ 取 18 个离散频率，用梯形法计算各简谐分量的均方值分量，计算公式为

$$\Delta E_i[\ddot{x}_s^2]=\frac{1}{2}[W_s(f_i)+W_s(f_{i+1})]\Delta f$$

因为 $\Delta f=2\text{Hz}$，故

$$\Delta E_i[\ddot{x}_s^2]=W_s(f_i)+W_s(f_{i+1})$$

计算过程从略，计算结果列于表 2-2。

可以认为，当 $f<4\text{Hz}$ 和 $f>40\text{Hz}$ 时，$W_s(f)=0$。零件响应的均方值就等于 $W_s(f)$ 曲线与纵轴及横轴围成的图形的面积，故

$$E[\ddot{x}_s^2]=\sum_{i=1}^{18}\Delta E_i[\ddot{x}_s^2]=11.2911g^2$$

零件响应的均方根为

$$\sigma_s=\sqrt{E[\ddot{x}_s^2]}=\sqrt{11.2911g^2}=3.36g$$

零件可能出现的最大加速度为

$$x_{smax}=3\sigma_s=3\times3.36g=10.08g$$

第八节　加速度计与振动台

实际产品是结构非常复杂的振动系统，缓冲材料又是一些非线性材料。所以，解决振动问题的方法不是理论计算，而是通过在实验室对产品、产品衬垫系统和包装件进行振动试验来解决。振动试验离不开振动台和加速度计。振动台是迫使试件按照预定规律振动的实验设备，加速度计是测量试件振动情况（波形、频率、强弱）的仪器。因此，在讨论具体的设计方法之前，先要了解振动台和加速度的工作原理。

一、压电式加速度计

产品由于振动与冲击而损坏，究其原因，是产品受力太大。根据牛顿第二定律，物体所受的力等于它的质量和加速度的乘积。物体的质量是常量，所以，只要测得物体的加速度，也就知道了它所受的力。正因为如此，包装测试关注的是振动物体的加速度，而不是它的位移。加速度计种类很多，如机械式、电阻应变式、压阻式、压电式等。由于篇幅的限制，这里只讨论包装测试中常用的压电式加速度计。

将非电量转化为电量的装置称为传感器。按照特定方位从石英晶体中切出薄片，并垂直于薄片加压，两面就会出现异号电荷，而且电量与压力成正比，这种现象称为压电效应，如图 2-38 所示。人造压电陶瓷也能产生压电效应。根据压电效应设计的传感器构造简单，体积小，便于安装，因而被用来测量振动物体的加速度。

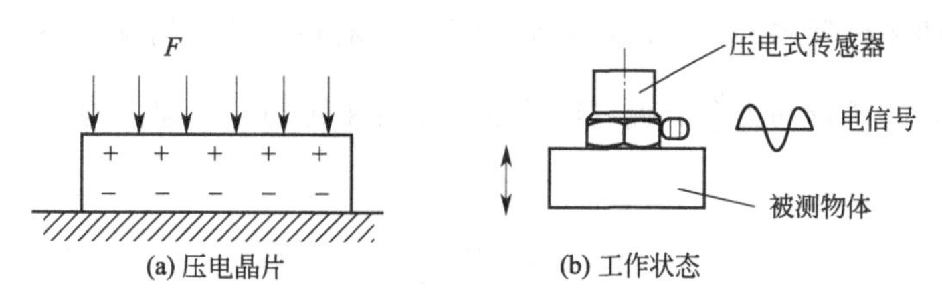

图 2-38　压电式传感器的工作状态

压电式加速度传感器结构如图 2-39 所示。传感器中的压电晶片一般是两片并联，中间隔有弹性垫层，这样既能增加电量，又能降低弹性常数。预压弹簧为壳形弹簧，其作用是使压电晶片在工作时总是处于受压状态。在被测物体的激励下，质量块在传感器外壳内作相对振动。质量块向上运动时，压电晶片上的压力与电荷随之减小。质量块向下运动时，压电晶片上的压力与电荷随之增加。质量块在外壳内的相对振动取决于被测物体的加速度。因此压电晶片输出的电信号能反映被测物体加速度的量值及其随时间的变化情况。

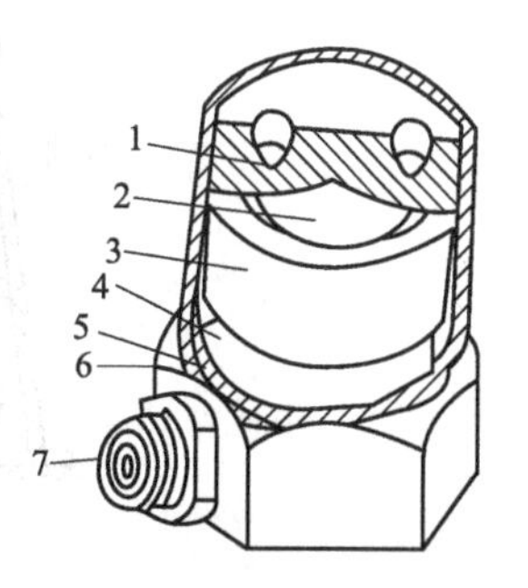

图 2-39　压电式加速度传感器结构

1—顶紧螺母；2—壳形弹簧；3—质量块；4—压电元件；5—绝缘板；6—壳体；7—电缆

压电式加速度计实况如图 2-40 所示。压电式加速度计的工作原理如图 2-41 所示。压电晶片输出的电信号非常微弱，因此要经放大器放大后才能输入示波器或者微处理机。微处理机对信号进行处理后，可以打印出被测物体振动的周期、频率和加速度的量值，并能绘制出加速度-时间曲线，也可以将处理后的信号储存备用。

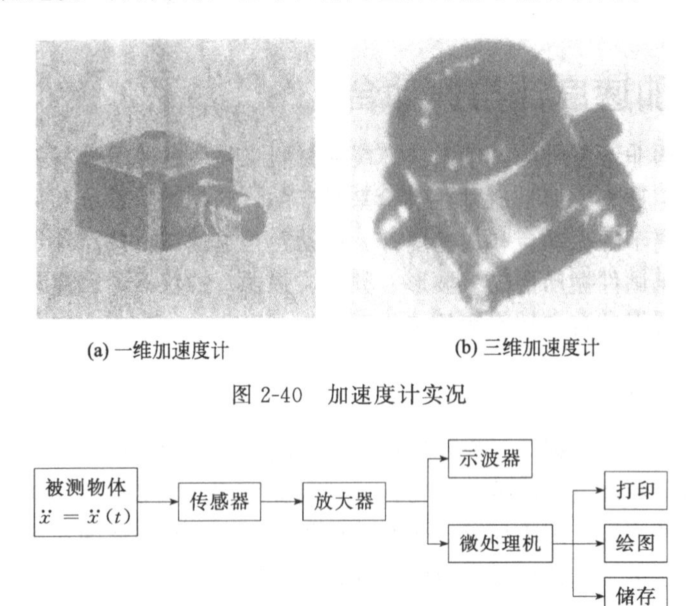

图 2-40 加速度计实况

图 2-41 加速度计工作原理示意图

二、离心式机械振动台

通过偏心质量旋转产生激振力的振动台，称为离心式机械振动台，其结构如图 2-42 所示。这类振动台的激振器有两组相同但转向相反的偏心块，这两组偏心块转动时始终对称于直轴。设两偏心块的质量均为$\frac{m}{2}$，偏心距为 e，做匀速转动，角速度为 p，则偏心块的离心力（惯性力）为

$$R=\frac{m}{2}ep^2 \tag{2-92}$$

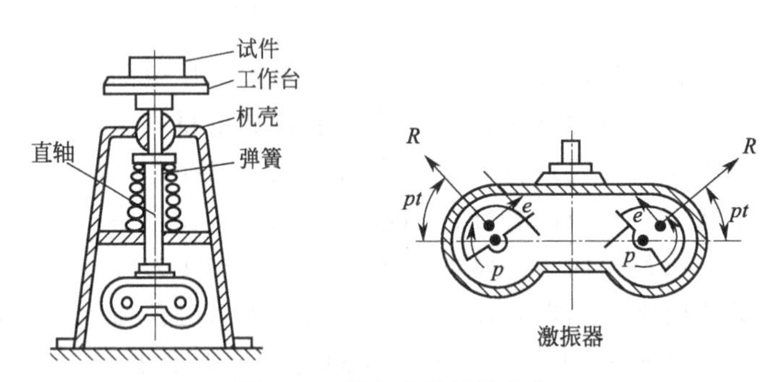

图 2-42 离心式机械振动台

因为两偏心块总是对称于直轴，所以两个离心力在水平方向的分力相互抵消，在垂直方向的分力合成为激振力 F，且

$$F=2R\sin pt=mep^2\sin pt \tag{2-93}$$

可见，激振器的激振力为简谐力。振动台在简谐力激励下的稳态振动也是简谐振动，振

动的频率与简谐激振力的频率相同。激振力的圆频率等于偏心块的角速度，所以改变激振器的转速就能调节振动台振动的频率。振动台是个振动系统，当激振器的转速接近系统的固有频率时，振动台也会发生共振。偏心块的角速度确定以后，激振器的离心力随两组偏心块的偏心距而变化。所以，在激振器的转速确定以后，只要改变两组偏心块的偏心距就能调节振动台振动的强弱（振幅与加速度）。激振器有两组扇形偏心块，图 2-43 是其中一组。每组有两个偏心块，一个固定，一个活动，P 是每个偏心块的离心力，R 是两个偏心块离心力 P 的合力。两个偏心块成 180°安装时，这一组的离心力 $R=0$，相当于偏心距为 0；两个偏心块重叠安装时，这一组的离心力 R 最大，相当于偏心距最大。

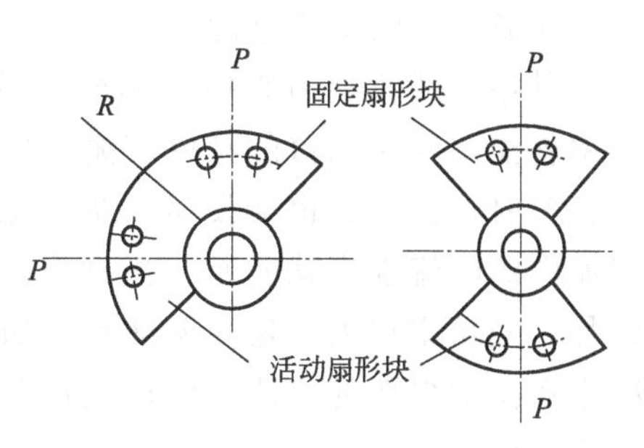

图 2-43 调节激振器偏心距的方法

三、电动式振动台

由恒定磁场和位于磁场中的交流线圈相互作用所产生的电动力驱动的振动台，称为电动式振动台。图 2-44(a) 是电动式振动台的结构简图，图 2-44(b) 为工作原理示意图。直流励磁线圈在磁鼓的环形气隙中产生大小和方向稳定不变的磁场，振动台下端绕有交流驱动线圈，此交流驱动线圈置于磁鼓的环形气隙中。按照图示的磁力线方向和驱动线圈中的电流方向，磁场作用于驱动线圈的电动力的方向向上。因为磁场方向不变，只要改变驱动线圈中的电流方向，作用在线圈上的电动力的方向就会由向上变为向下。如果向驱动线圈通入正弦交流电

$$i=I_m\sin pt$$

环形气隙中的磁场就会对交流线圈产生简谐激振力

$$F=F_m\sin pt \tag{2-94}$$

简谐激振力的频率 p 与通入的交流电相同，简谐激振力的力幅 F_m 与通入的交流电的电流强度 I_m 成正比。

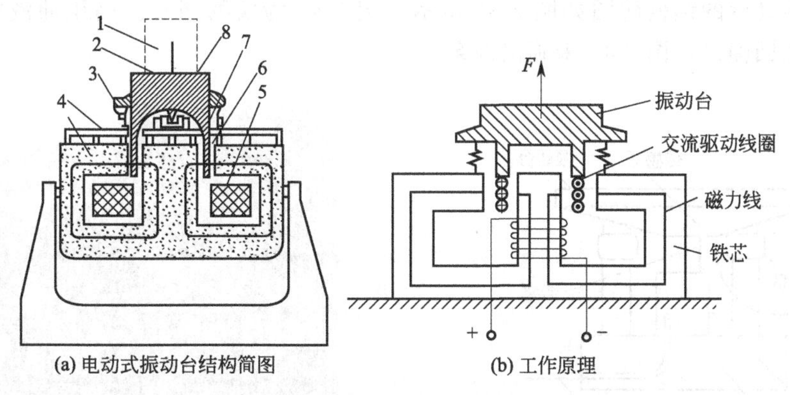

图 2-44 电动式振动台

1—试件；2—台面；3—弹簧；4—磁屏蔽；5—励磁线圈；6—环形气隙；7—驱动线圈；8—拾振器

在通入正弦交流电的条件下，电动式振动台的激振力为简谐力，振动的波形为正弦波。其振动的频率与激振力相同。激振力的频率就是交流电的频率，所以改变交流电的频率就能调节振动台的频率。振动台是个振动系统。当通入交流电的频率接近系统的固有频率时，振动台也会发生共振。激振力的力幅与交流电的电流强度成正比，所以改变交流电的电流强度就能调节振动台的振幅与加速度。电动式振动台由振荡器提供交流电信号，经功率放大器输入振动台，如图 2-45 所示。正弦振动自动控制仪调节振动台振动频率和振动强弱的方法，归根到底是按照设定条件改变振荡器提供的交流信号的频率和电流强度。

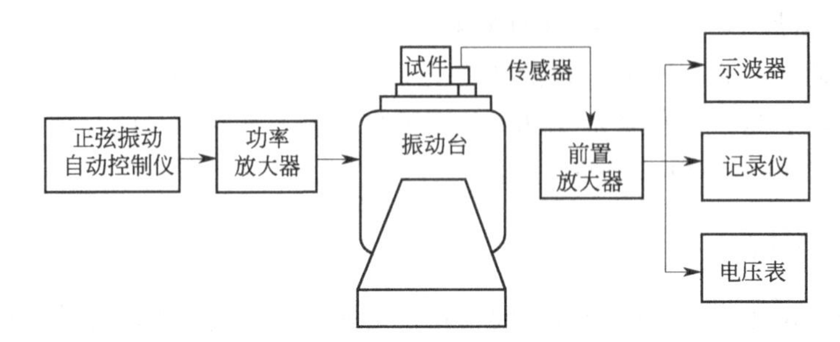

图 2-45 电动式振动台的工作状态

电动式振动台单台激振力不大，振幅较小，只能对中小型试件做振动试验。对于大型试件，可以将几个振动台同步运行，对试件采用多点激励。

电动式振动台频率范围大，一般为 5～3000Hz，高频可以达到 5000Hz 甚至 8000Hz；其振幅为 3～25mm；最大可达 50mm；垂直方向的负载力为 2～500kg，最大可达 5000kg；台面直径在 90～500mm 之间。电动式振动台波形失真小，控制方便，可以采用反馈控制，既可以作简谐振动，也可以作随机振动。电动式振动台使用灵活，可以垂直转动 90°推动水平滑台，以提供一个水平振动源。电动式振动台的缺点是台面有漏磁影响，价格较高，维修比较复杂，且在低频端推力很小，波形失真也较大。其工作频率均在 5Hz 以上。所以，对低于 5Hz 的振动，就很难实现。

四、液压式振动台

液压式振动台的结构简图如图 2-46 所示，图 2-47 为实物照片。高压油液由油泵提供，低压油液又流回油泵，图 2-46 未画出油泵。

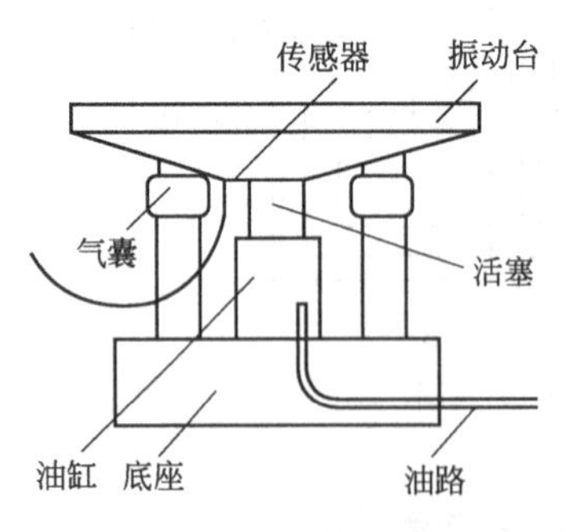

图 2-46 液压式振动台结构简图

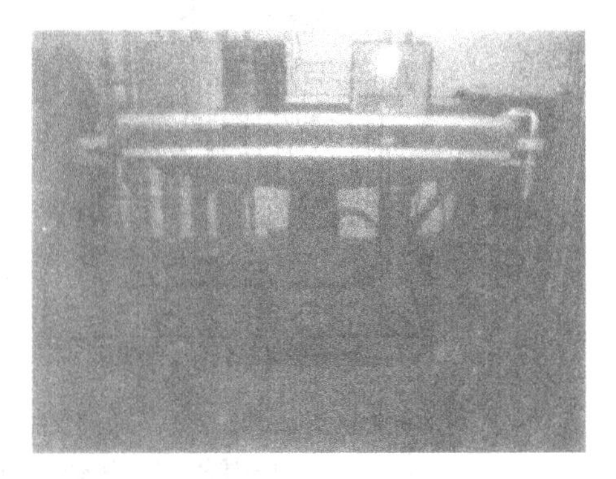

图 2-47 液压式振动台实物照片

控制振动台升降的装置称为电液伺服阀，如图 2-48 所示，它是由电动激振器、滑阀与定位弹簧组成的，激振器的动圈置于磁缸的永久磁场中，电信号输入动圈后，磁场对动圈的电动力迫使滑阀在阀腔内作往复运动，按照图 2-48 所示位置，高压油路沟通油缸下方，低压回流沟通油缸上方，所以液压推动振动台上升，如果滑阀向上运动，高压油路就会沟通油缸上方，低压回流就会沟通油缸下方，液压就会推动振动台下降。液压振动台的滑阀是电动阀，必须与程序控制装置配套，如图 2-48 所示，输入信号输入预定的波形、峰值与频率，加速度计反馈振动台的实际振动，比较器不断比较输入信号与反馈信号，控制器根据比较的结果产生信号，并将电信号输入伺服阀的电动激振器，电动激振器通过滑阀调节振动台的振动，使振动台的实际振动与输入信号相吻合。由于电液控制装置是这类振动台的核心部分，所以，液压振动台又常被称为“电液振动台”。

液压振动台的主要优点是：激振力大，承载能力大，振幅大，负载能力可以从几吨到几百吨以上。工作频率的下限可以达到 0.1Hz 的低频，可以实现随机振动及几个电液振动台进行同步运行。

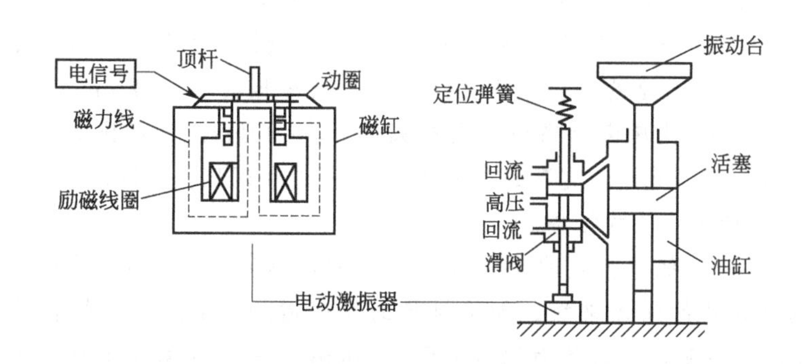

电液伺服阀工作原理

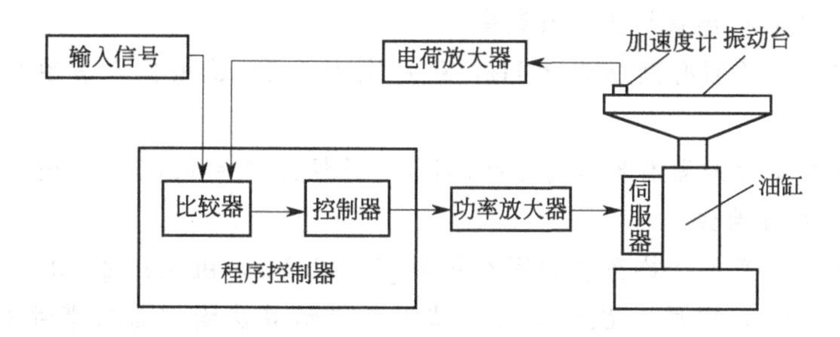

图 2-48　液压式振动台工作原理

习　题

1. 振动系统（题 2-1 图）中，物块质量为 20kg，弹簧的弹性常数为 1.6kN/cm，试求这个系统的固有频率和周期。

2. 振动系统的固有频率为 26Hz，物块质量为 15kg。试求这个系统的弹性常数。

3. 振动系统的固有频率为 80Hz，弹簧的弹性常数为 1.26kN/cm，试求物块质量。

4. 振动系统中物块质量 $m=10\text{kg}$，弹簧的弹性常数 $k=4.2\text{kN/cm}$，试求这个系统作自由振动的频率。这个系统受到的初干扰为 $x_0=3\text{cm}$，$\dot{x}_0=0$，试绘图说明这个系统作自由振动的运动规律。

题 2-1 图　　　　题 2-5 图

5. 振动系统（题 2-5 图）中，物块质量为 0.8kg，阻力系数为 160N·s/m，试求这个系统的阻尼系数。

6. 振动系统中物块质量 $m=10\text{kg}$。弹性常数 $k=4.2\text{kN/cm}$，阻力系数 $C=615\text{N·s/m}$，试求这个系统的阻尼比，并求这个系统作自由振动的频率与周期。

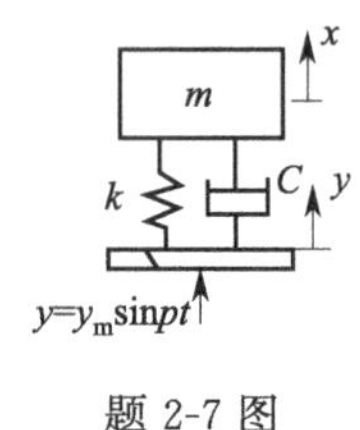

题 2-7 图

7. 支座激励系统（题 2-7 图）的固有频率 $f_n=80\text{Hz}$，阻尼比 $\zeta=0.08$，支座的激振频率 $f=80\text{Hz}$，支座振幅 $y_m=2\text{mm}$，试求物块的振幅。

8. 支座激励系统的固有频率 $f_n=30\text{Hz}$，阻尼比 $\zeta=0.25$，支座振幅 $y_m=1.5\text{mm}$，支座的激振频率 f 分别为 5Hz、30Hz、42Hz、90Hz，试分别计算物块的振幅。

9. 缓冲衬垫的面积 $A=500\text{cm}^2$，厚度 $h=4\text{cm}$，材料的弹性模量 $E=200\text{kPa}$，试求这个衬垫的弹性常数。如将衬垫的厚度增加到 8cm，弹性常数有何变化？如将厚度 $h=4\text{cm}$ 保持不变，将衬垫面积增加到 1000cm^2，弹性常数又有什么样的变化？

10. 产品质量 $m=15\text{kg}$，衬垫面积 $A=400\text{cm}^2$，衬垫厚度 $h=5\text{cm}$，材料的弹性模量 $E=380\text{kPa}$，试求产品衬垫系统的固有频率。

11. 产品衬垫系统的固有频率为 25Hz，阻尼比为 0.2，试根据本书图 2-27 绘制这个系统的幅频特性曲线。

12. 产品中易损零件的固有频率 $f_{sn}=75\text{Hz}$，阻尼比 $\zeta_s=0.05$，试根据本书图 2-27 绘制这个零件的幅频特性曲线。

13. 有一包装件，产品衬垫系统的固有频率 $f_n=25\text{Hz}$，阻尼比 $\zeta=0.2$，易损零件系统的固有频率 $f_{sn}=75\text{Hz}$，阻尼比 $\zeta_s=0.05$，试用两级估算法绘制易损零件对振动环境的幅频特性曲线。

14. 包装件中易损零件对振动环境的幅频特性曲线见本书图 2-26。已知激振频率分别为 40Hz、60Hz、80Hz、100Hz，试求易损零件振动的加速度。振动环境的加速度均为 $1.5g$。

15. 产品中易损零件的固有频率 $f_{sn}=75\text{Hz}$，阻尼比 $\zeta_s=0.05$。振动环境的激振频率 $f=2\sim100\text{Hz}$，加速度峰值 $\ddot{y}_m=2g$。如果产品不包装，直接受振动环境激励，试求易损零件共振时的加速度峰值。

16. 产品中易损零件的固有频率 $f_{sn}=75\text{Hz}$，阻尼比 $\zeta_s=0.05$。对产品进行包装，产品衬垫系统的固有频率 $f_n=35\text{Hz}$，阻尼比 $\zeta=0.2$，激振频率 $f=1\sim100\text{Hz}$，激振加速度峰值

$\ddot{y}_m=2g$，试求易损零件两次共振时的加速度。

17. 什么叫简谐振动？什么叫随机振动？随机振动与简谐振动有什么区别？

18. 如图 2-36(a) 随机振动环境的功率谱密度曲线，试求这种随机振动环境的加速度均方值和均方根。

19. 本书图 2-36(a) 为卡车的功率谱密度函数，试求频率 $f=10$Hz 和 20Hz 的卡车功率谱密度。假设离散间隔 $\Delta f=2$Hz，试求 $f=10$Hz 和 20Hz 的两个简谐分量的加速度峰值。

第三章

冲击理论基础

在短暂而又强烈的动态力作用下，物体的运动状态在极短时间内发生急剧的变化，这种现象称为冲击。货物装卸时的不慎跌落，汽车、火车和各种装卸机械的开车、停车和紧急刹车，飞机的起飞和着落，铁路车辆编组时的碰钩连挂等，在这些情况下包装箱内的产品都会受到强烈的冲击。在各种各样的冲击环境中，跌落冲击最为强烈，是导致产品破损的主要原因，所以“跌落冲击”成为人们最为关注的问题。产品破损是从易损零件开始的。在产品与包装箱之间设置缓冲衬垫，目的就是要缓和包装件落地后地板对产品的冲击，将易损零件的最大加速度限制在允许的范围之内，使产品不至于因为跌落冲击而破损，对这一系列问题的分析就构成包装动力学的冲击理论。

第一节　包装件跌落冲击问题的研究方法

设包装件从高度 H 处跌落，见图 3-1。包装件落地后，地板通过缓冲衬垫冲击箱内产品，产品又将这种冲击传递给易损零件，使零件的运动状态在极短的时间内发生急剧的变化，因而产生很大的加速度。产品破损是从易损零件开始的。易损零件之所以破损，是因为它的最大加速度达到或者超过其极限值，所以，研究包装件的跌落冲击问题不能不分析易损零件的最大加速度。

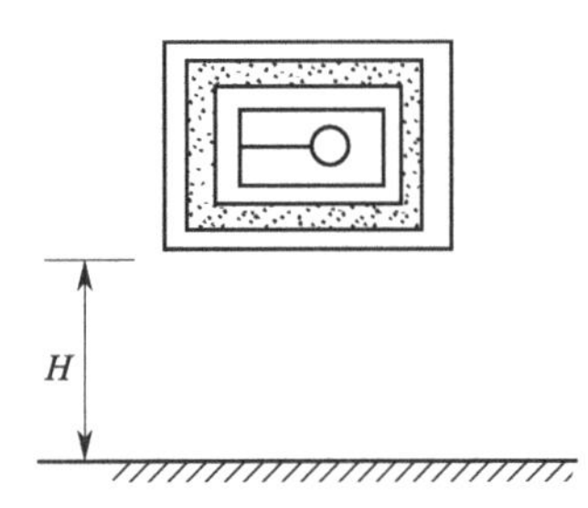

图 3-1　包装件的跌落冲击

包装件以二自由度系统为力学模型，如图 3-2(a) 所示。按二自由度模型分析易损零件的最大加速度难度很大，求解过程非常繁琐，导致公式过于复杂，不便于应用。与产品比较，易损零件的质量通常都很小，即 $m_s \ll m$，因此将二自由度系统分解为两个单自由度系统，用两级估算法讨论包装件的跌落冲击问题。

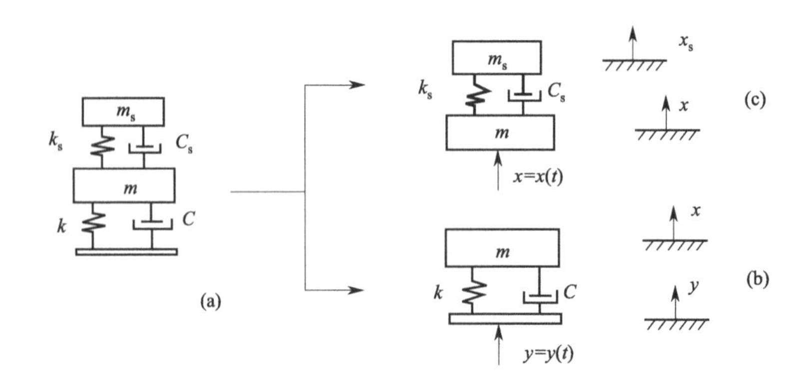

图 3-2　研究跌落问题的两级估算法

① 不计易损零件的质量，只考虑产品衬垫系统，见图 3-2(b)，分析包装件落地后地板对产品的冲击，求解产品在跌落冲击过程中的加速度时间函数$\ddot{x}(t)$。

② 只考虑零件系统，如图 3-2(c)，将地板对产品的冲击$\ddot{x}(t)$视为对易损零件的激励，应用正弦半波脉冲的冲击谱公式计算易损零件的最大加速度$\ddot{x}_{sm}$。

缓冲包装的设计方法以跌落冲击理论为基础，它所要求的各种参数不是通过理论计算，而是通过实验室试验获得的，跌落冲击理论不是为缓冲包装设计提供计算公式，而是为测试技术提供理论依据。因此，两级估算法虽然粗糙，但不会降低缓冲包装设计的精确程度。

产品种类繁多，而且产品中大都有很多零部件，究竟哪一个是易损零件，不经过试验是难以判断的。一般来说，易损零件的质量和尺寸都很小，而且大都封闭在产品内部，即使知道哪个是易损零件，也难以测试它的加速度。相对而言，测试产品的加速度却容易得多，因此缓冲包装理论以产品加速度描述易损零件的破损条件。用产品加速度描述易损零件的破损条件，导致包装件跌落冲击的强度理论复杂化，为了测试方便，人们不得不采用这样的研究方法。

第二节　产品对跌落冲击的响应

在研究包装件的跌落冲击问题时，不计易损零件的质量，只考虑产品衬垫系统，就是将产品视为刚体，将产品衬垫系统作为包装件的近似模型。所谓产品对跌落冲击的响应，指的是产品的位移、速度和加速度在跌落冲击过程中随时间的变化规律。

一、产品的跌落冲击过程

设包装件自高度 H 处自由下落（图 3-3），不计各种阻力，产品落地时的速度为

$$v_0=-\sqrt{2gH}$$

负号表示 v_0 方向向下。与缓冲衬垫比较，地板非常坚硬，可视为刚体。包装件落地后箱子静止不动，$y=0$，产品由于惯性而冲击衬垫，使衬垫产生压缩形变。同时，衬垫又反作用于产品，使产品向下运动的速度逐渐减小至零。从产品落地到产品速度为零，这是跌落冲击过程的第一阶段，其主要特征是衬垫产生压缩形变，因此，将这个阶段称为变形阶段。产品速度为零时，其惯性也为零，不可能再压缩衬垫，因此，衬垫的弹性变形开始恢复。衬垫的弹性恢复力迫使产品由向下运动变为向上运动，直至弹性变形完全恢复为止。从产品速度为零到衬垫的弹性变形完全恢复，这是跌落冲击过程的第二阶段，其主要特征是衬垫的弹性变形逐渐恢复，所以将这个阶段称为恢复阶段。恢复阶段结束时，产品速度为 v_τ，其方向向上。瓦楞纸箱和箱内缓冲材料都很轻，所以产品向上运动的惯性促使包装件在跌落冲击后发生回弹，H_τ 为回弹高度。从产品落地到衬垫的弹性变形完全恢复，这个过程就是我们所要

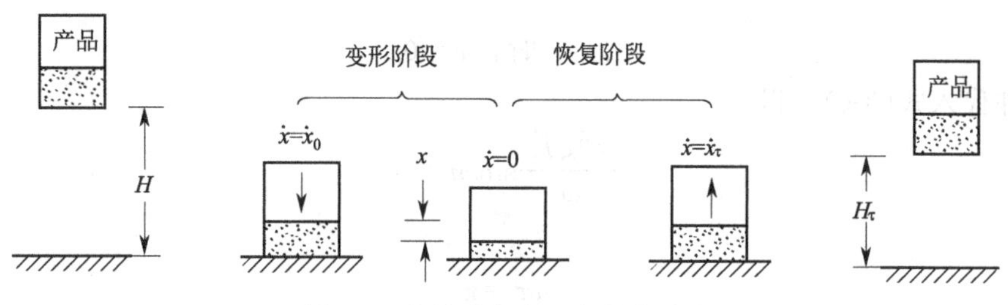

图 3-3　产品跌落中冲击的全过程

讨论的跌落冲击过程，v_0、v_τ 是产品在这个过程中的初速度和末速度，且

$$v_\tau = e|v_0| = e\sqrt{2gH}$$

e 称为碰撞恢复系数。因为缓冲衬垫的内阻和塑性变形要消耗一定的能量，所以 $0<e<1$。产品速度在跌落冲击过程中的变化称为速度改变量，用 Δv 表示，即

$$\Delta v = v_\tau - v_0 = (1+e)\sqrt{2gH} \tag{3-1}$$

二、产品的位移-时间函数

不考虑易损零件的影响，包装件的力学模型如图 3-4 所示，只考虑衬垫的弹性，不计系统的阻尼，并从产品落地后的平衡位置为原点向上取 x 轴。产品所受的力有衬垫的弹性力 P 和产品重量 W，且

$$P = k(x-\delta_{st}),\ W = mg$$

m 为产品的质量，k 为衬垫的弹性常数，x 为产品位移，δ_{st}是衬垫静变形。

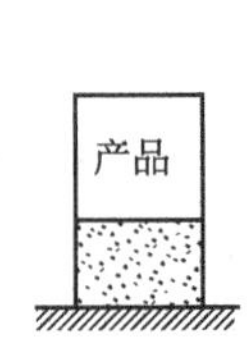

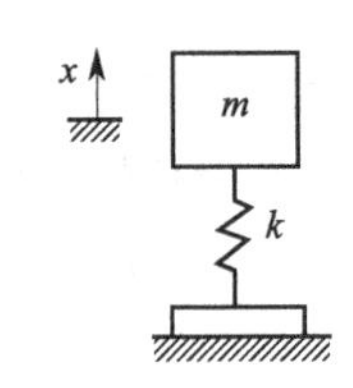

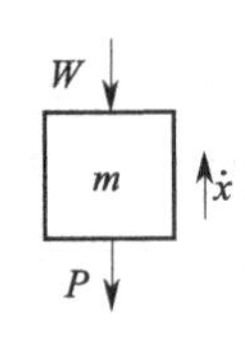

图 3-4 无阻尼系统的跌落全过程

根据牛顿第二定律，产品的运动微分方程为

$$m\ddot{x} = -P - W = -k(x-\delta_{st}) - mg$$

令

$$\omega = \sqrt{\frac{k}{m}}$$

式中，ω 为产品衬垫系统的固有频率。因为 $k\delta_{st} = mg$，故产品的运动微分方程可简化为

$$\ddot{x} + \omega^2 x = 0 \tag{3-2}$$

方程(3-2) 的通解为

$$x = C_1\sin\omega t + C_2\cos\omega t \tag{3-3}$$

x 对 t 的一阶导数为

$$\dot{x} = \omega C_1\cos\omega t - \omega C_2\sin\omega t \tag{3-4}$$

确定积分常数 C_1、C_2 的初始条件为

$$t=0\text{ 时},x=0,\dot{x}=v_0=-\sqrt{2gH}$$

由此解得

$$C_1 = \frac{v_0}{\omega} = -\frac{\sqrt{2gH}}{\omega},\ C_2 = 0 \tag{3-5}$$

将式(3-5) 代入式(3-3)，就得到产品在跌落冲击过程中的位移-时间函数

$$x = -\frac{\sqrt{2gH}}{\omega}\sin\omega t \tag{3-6}$$

用 τ 表示跌落冲击过程的持续时间。跌落冲击过程结束时，衬垫的弹性变形完全恢复，故

$$t=\tau\text{ 时，}x=0$$

将这个条件代入式(3-6)，得

$$\frac{\sqrt{2gH}}{\omega}\sin\omega\tau = 0$$

故

$$\omega\tau = \pi$$

由此求得产品跌落冲击过程的持续时间

$$\tau=\frac{\pi}{\omega}=\frac{T}{2}=\frac{1}{2f_{\mathrm{n}}} \tag{3-7}$$

式中，T 为产品衬垫系统的固有周期；f_{n} 为产品衬垫系统的固有频率，Hz。式(3-7)表明，跌落冲击过程中的持续时间与产品衬垫系统的固有频率成反比，固有频率 f_{n} 愈大，冲击持续时间 τ 愈短。固有频率 f_{n} 是系统自身的固有特性，所以冲击持续时间 τ 与跌落高度 H 无关。

在式(3-6) 中，令

$$\tau=\frac{\tau}{2},\ \omega\tau=\frac{\pi}{2}$$

并取绝对值，就求得产品在跌落冲击过程中的最大位移

$$x_{\mathrm{m}}=\frac{\sqrt{2gH}}{\omega}=\sqrt{2\delta_{\mathrm{st}}H} \tag{3-8}$$

产品最大位移就是衬垫的最大变形。式(3-8) 表明，衬垫的最大变形取决于两个因素，一个是跌落高度，一个是产品衬垫系统的固有频率。跌落高度 H 愈大，系统的固有频率 ω 愈低，衬垫跌落冲击时的最大变形 x_{m} 就愈大。

根据式(3-6)、式(3-7) 绘制的产品位移-时间曲线如图 3-5，它是一条正弦半波曲线。

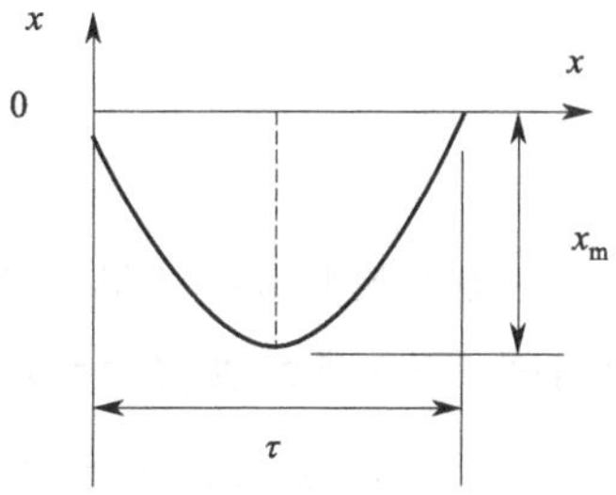

图 3-5　产品的 x-τ 曲线

三、产品的加速度-时间函数

将式(3-5) 代入式(3-4)，就得到产品速度随时间的变化规律

$$\dot{x}=-\sqrt{2gH}\cos\omega t \tag{3-9}$$

将 $\dot{x}$ 再对 t 求导，就得到产品在跌落冲击过程中的加速度-时间函数

$$\ddot{x}=\omega\sqrt{2gH}\sin\omega t \tag{3-10}$$

根据式(3-10) 绘制的加速度-时间曲线见图 3-6，它也是一条正弦半波曲线。在式(3-10) 中，令 $t=\frac{\tau}{2}$，则 $\omega t=\frac{\pi}{2}$，于是求得产品在跌落冲击过程中的最大加速度

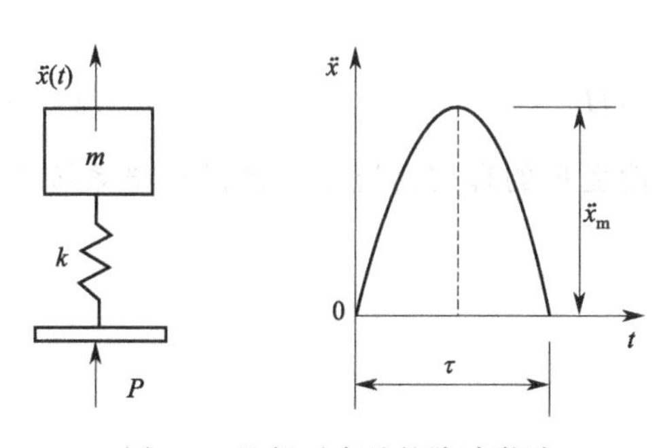

图 3-6　地板对产品的脉冲激励

$$\ddot{x}_{\mathrm{m}}=\omega\sqrt{2gH}=2\pi f_{\mathrm{n}}\sqrt{2gH} \tag{3-11}$$

式(3-11) 表明，包装件跌落高度愈大，产品的加速度也愈大；在跌落高度确定以后，减小产品加速度的主要方法是降低产品衬垫系统的固有频率。

将 $\ddot{x}$ 与重力加速度 g 比较，更能直觉地判断 $\ddot{x}_{\mathrm{m}}$ 的大小，故令

$$G_{\mathrm{m}}=\frac{\ddot{x}_{\mathrm{m}}}{g}=\omega\sqrt{\frac{2H}{g}} \tag{3-12}$$

式中，G_{m} 也称为产品最大加速度，它是个无量纲的纯数，它表示 $\ddot{x}_{\mathrm{m}}$ 对 g 的倍数。

图 3-6 中的 P 是地板通过衬垫作用于产品的冲击力。因为 $x<0$，$\ddot{x}>0$，不计自重 W，地板对产品的冲击力可表达为

$$P=m\ddot{x}$$

将 P 与产品自重 W 比较，能更加直觉地判断冲击力的大小。用 $W=mg$ 除上式两边，得

$$\frac{P}{W}=\frac{\ddot{x}}{g} \tag{3-13}$$

地板对产品的最大冲击力

$$P=m\ddot{x}_{\mathrm{m}}$$

用 $G=mg$ 除上式两边，得

$$\frac{P}{W}=\frac{\ddot{x}_{\mathrm{m}}}{g}=G_{\mathrm{m}} \tag{3-14}$$

式(3-13) 与式(3-14) 表明，用 W 衡量 P，用 g 衡量 $\ddot{x}$，两者大小相等，方向相同，所以图 3-6 中 $\ddot{x}$-t 曲线不但可以定性，而且可以定量地描述冲击力 P 随时间 t 的变化规律。P 是短暂而又强烈的动态力，地板对产品的这种作用称为脉冲激励。缓冲包装设计以实验室试验为主要手段，测试加速度比测力容易实现，因此用 $\ddot{x}$-t 曲线（图 3-6）描述地板对产品的脉冲激励，其数学表达式为

$$\ddot{x}(t)=\ddot{x}_{\mathrm{m}}\sin\omega t \quad (0\leqslant t\leqslant\tau) \tag{3-15}$$

$$\ddot{x}(t)=0 \quad (t>\tau)$$

$$\left(\tau=\frac{\pi}{\omega}=\frac{T}{2}\right)$$

正弦半波是脉冲波形，$\ddot{x}_{\mathrm{m}}$ 称为脉冲峰值，τ 称为脉冲持续时间。已知波形、峰值和持续时间，$\ddot{x}$-t 曲线就完全确定，所以将波形、峰值和持续时间称为脉冲三要素。

四、产品的速度改变量

产品落地时初速度为

$$v_0=-\sqrt{2gH}$$

在式(3-9) 中，令 $t=\tau$，则 $\omega\tau=\pi$，故跌落冲击过程结束时产品速度为

$$v_\tau=\sqrt{2gH}$$

产品在跌落冲击过程中的速度改变量为

$$\Delta v=\int_{v_0}^{v_\tau}\mathrm{d}\dot{x}=2\sqrt{2gH} \tag{3-16}$$

与式(3-1) 比较，式(3-16) 表明，在不计阻尼和塑性变形的理想情况下，产品衬垫系统的碰撞恢复系统系数 $e=1$。

产品速度与加速度的微分关系为

$$\mathrm{d}\dot{x}=\ddot{x}\,\mathrm{d}t$$

在脉冲时间内对上式两边积分：

$$\int_{v_0}^{v_i}\mathrm{d}\dot{x}=\int_0^\tau\ddot{x}\,\mathrm{d}t \tag{3-17}$$

式(3-17) 左边的积分是产品在跌落冲击过程中的速度改变量，即

$$\int_{v_0}^{v_\tau}\mathrm{d}\dot{x}=\Delta v$$

式(3-17) 右边的积分是图 3-6 上 $\ddot{x}$-t 曲线的面积。因为 $\ddot{x}$-t 曲线是正弦曲线，故其图形面积为

$$\int_0^{\tau} \ddot{x}\,\mathrm{d}t = \frac{2}{\pi}\ddot{x}_{\mathrm{m}} t$$

根据式(3-17)两边的物理和几何意义，产品的速度改变量、脉冲峰值及脉冲持续时间的关系为

$$\Delta v = 2\ddot{x}_{\mathrm{m}} \frac{\tau}{\pi} \tag{3-18}$$

例 3-1 产品质量 $m=10\mathrm{kg}$，衬垫面积 $A=120\mathrm{cm}^2$，衬垫厚度 $h=3.6\mathrm{cm}$，缓冲材料的弹性模量 $E=700\mathrm{kPa}$，包装件的跌落高度 $H=75\mathrm{cm}$，不计系统的阻尼和衬垫的塑性变形，试求跌落冲击过程的衬垫最大变形、产品最大加速度、冲击持续时间和速度改变量。

解 产品衬垫系统的固有频率为

$$\omega = \sqrt{\frac{EA}{mh}} = \sqrt{\frac{700\times10^3\times120\times10^{-4}}{10\times3.6\times10^{-2}}} = 153\ (\mathrm{s}^{-1})$$

$$f_{\mathrm{n}} = \frac{\omega}{2\pi} = \frac{153}{2\pi} = 25\ (\mathrm{Hz})$$

产品的冲击持续时间为

$$\tau = \frac{1}{2f_{\mathrm{n}}} = 1/(2\times25) = 0.02\ (\mathrm{s})$$

衬垫的最大变形为

$$x_{\mathrm{m}} = \frac{\sqrt{2gH}}{\omega} = \frac{\sqrt{2\times9.8\times0.75}}{153} = 2.51\ (\mathrm{cm})$$

产品的最大加速度为：

$$\ddot{x}_{\mathrm{m}} = \omega\sqrt{2gH} = 153\times\sqrt{2\times9.8\times0.75} = 587\ (\mathrm{m/s^2})$$

$$G_{\mathrm{m}} = \frac{\ddot{x}_{\mathrm{m}}}{g} = \frac{587}{9.8} = 60$$

产品的速度改变量为：

$$\Delta v = 2\sqrt{2gH} = 2\times\sqrt{2\times9.8\times0.75} = 7.67\ (\mathrm{m/s})$$

第三节 跌落冲击的冲击谱与产品破损边界曲线

包装件（见图 3-7）落地后，在产品的脉冲激励下，易损零件的加速度 $\ddot{x}_{\mathrm{s}}$ 也随时间而变化，其 $\ddot{x}_{\mathrm{s}}$-t 曲线就是易损零件对跌落冲击的响应，见图 3-8。图中 $\ddot{x}_{\mathrm{sm}}$ 是易损零件跌落冲击时的最大加速度。

一、跌落冲击的冲击谱

以易损零件固有周期 T_{s} 为基准度量产品冲击持续时间 τ 的长短，用 r 表示，即

$$r = \frac{\tau}{T_{\mathrm{s}}} = \frac{T}{2T_{\mathrm{s}}} = \frac{f_{\mathrm{sn}}}{2f_{\mathrm{n}}} = \frac{\lambda}{2} \tag{3-19}$$

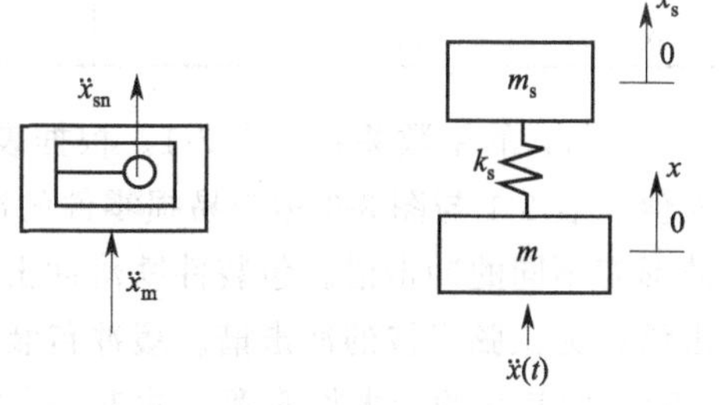

图 3-7 产品的力学模型

r 称为脉冲时间比，式中 f_{n} 和 T 是产品衬垫系统的固有频率和固有周期，f_{sn} 是易损零件的固有频率，$\lambda=f_{\mathrm{sn}}/f_{\mathrm{n}}$，称为频率比。取不同的脉冲时间比，易损零件有不同的响应曲线，见图 3-8。图 3-8(a) 中，频率比 $\lambda=0.5$，脉冲时间比 $r=\tau/T_{\mathrm{s}}=0.25$，$\ddot{x}_{\mathrm{sm}}=0.94\ddot{x}_{\mathrm{m}}$。图 3-8(b)

中，频率比 $f_{sn}/f_n=4$，脉冲时间比

$$r=\tau/T_s=2，\ddot{x}_{sm}=1.27\ddot{x}_m。$$

图 3-8 是同一个易损零件，而且脉冲波形相同，都是正弦半波，不同的只是脉冲时间的长短。图 3-8(a) 中，脉冲时间短，$\tau=0.25T_s$，脉冲时间比 $r=0.25$；而图 3-8(b) 中，脉冲时间长，$\tau=2T_s$，脉冲时间比 $r=2$。由于脉冲时间比不同，图 3-8(a) 和图 3-8(b) 中的两条曲线根本不同，两者差别很大。因此说，取不同的脉冲时间比，易损零件就有不同的响应曲线。

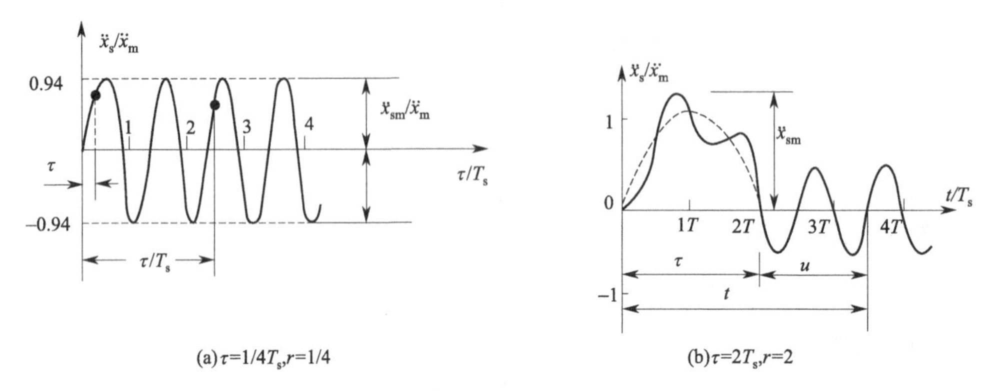

(a) $\tau=1/4T_s, r=1/4$ (b) $\tau=2T_s, r=2$

图 3-8 易损零件的响应

包装件跌落冲击时，易损零件的最大加速度 $\ddot{x}_{sm}$ 与产品最大加速度 $\ddot{x}_m$ 的比值称为易损零件系统的动力放大系数，用 β 表示，即

$$\beta=\frac{\ddot{x}_{sm}}{\ddot{x}_m}，\ddot{x}_{sm}=\beta\ddot{x}_m \tag{3-20}$$

理论研究证明，动力放大系数 β 是脉冲时间比 r（或频率比 f_{sn}/f_n）的函数，即

$$\beta=\beta(r)，r=\frac{\tau}{T_s}=\frac{f_{sn}}{2f_n} \tag{3-21}$$

表 3-1 $\beta=\beta(r)$ 函数表

r	β	r	β	r	β	r	β
0.0000	0.0000	0.6600	1.7320	2.5000	1.0825	4.5000	1.0699
0.0500	0.1995	0.8215	1.7683*	3.0000	1.1699	5.0000	1.0998
0.1269	0.5000	1.0000	1.7320	3.2045	1.1756*	5.2435	1.1027*
0.2500	0.9428	1.5000	1.5000	3.5000	1.1667	6.0000	1.0830
0.5000	1.5708	2.0000	1.2681	4.0000	1.1255	6.5000	1.0562

β 与 r 的函数关系见表 3-1。根据表 3-1 绘制的曲线如图 3-9 所示，表中“*”号者为极大值。表 3-1 与图 3-9 称为易损零件的冲击谱。易损零件的冲击谱与脉冲波形有关，不同的波形有不同的冲击谱。包装件跌落冲击时，地板对产品的脉冲波形为正弦半波，所以这种冲击谱称为正弦半波的冲击谱。缓冲包装关注的不是易损零件跌落冲击的加速度时间曲线（图 3-8），而是它的最大加速度。冲击谱之所以重要，是因为有了冲击谱函数表和图形，就可以直接计算易损零件的最大加速度，不必事先求解它的 $\ddot{x}_s$-t 曲线。

例 3-2 有一包装件，易损零件的固有频率为 $f_{sn}=4f_n$。已知产品跌落冲击的最大加速度为 $\ddot{x}_m$，试求易损零件跌落冲击的最大加速度。

解 包装件的频率比和脉冲时间比分别为

$$\frac{f_{sn}}{f_n}=4，r=\frac{f_{sn}}{2f_n}=2$$

由表 3-1 和图 3-9 查到，动力放大系数 $\beta=1.27$，故易损零件跌落冲击的最大加速度为

$$\ddot{x}_{sm}=\beta\ddot{x}_m=1.27\ddot{x}_m$$

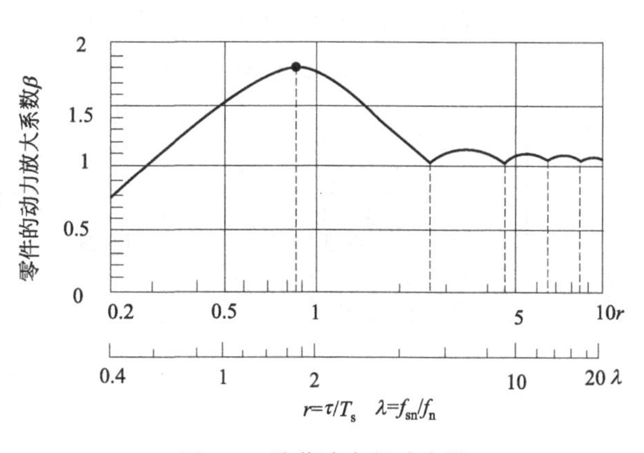

图 3-9 跌落冲击的冲击谱

例 3-3 有一包装件，产品衬垫系统的固有频率 $f_n=25\text{Hz}$，易损零件的固有频率 $f_{sn}=75\text{Hz}$，包装件的跌落高度 $H=60\text{cm}$，试求易损零件跌落冲击的最大加速度。

解 包装件的频率比和脉冲时间比分别为

$$\frac{f_{sn}}{f_n}=\frac{75}{25}=3，r=\frac{f_{sn}}{2f_n}=1.5$$

由表 3-1 和图 3-9 查到，动力放大系数 $\beta=1.5$。产品跌落冲击的最大加速度为

$$\ddot{x}_m=\omega\sqrt{2gH}=2\pi\times25\times\sqrt{2\times9.8\times0.6}$$
$$=539\ (\text{m/s}^2)=55g$$

易损零件跌落冲击的最大加速度为

$$\ddot{x}_{sm}=\beta\ddot{x}_m=1.5\times55g=82.45g$$

二、跌落冲击的产品破损边界曲线

1. 易损零件的极限加速度

易损零件的破损有各种各样的形式，如脆性断裂、塑性变形、疲劳破坏、松动脱落、与其他零部件碰撞等。不论是哪一种形式，究其破损原因，都因为零件受力太大，达到或者超过它的强度指标。产品受到振动与冲击时，作用在易损零件上的力主要是与其加速度成正比的惯性力，加速度愈大，惯性力也愈大。加速度大到一定程度时，惯性力恰好使易损零件破损，这个加速度就是零件的极限加速度，用 a_{jx} 表示。a_{jx} 是零件的强度指标。产品种类繁多，结构复杂，所以易损零件的极限加速度不是通过理论计算，而是通过实验室测试确定的。

2. 跌落冲击的产品破损边界曲线

易损零件跌落冲击时的最大加速度可表达为

$$\ddot{x}_{sm}=\beta(r)\ddot{x}_m \tag{3-22}$$

产品破损是从易损零件开始的。易损零件之所以破损，是因为它的最大加速度 $\ddot{x}_{sm}$ 达到或者超过其极限值 a_{jx}

$$\ddot{x}_{sm}\leqslant a_{jx} \tag{3-23}$$

将式(3-22) 代入式(3-23)，就得到用产品最大加速度表达的易损零件的破损条件为

$$\ddot{x}_m\geqslant\frac{a_{jx}}{\beta(r)} \tag{3-24}$$

式(3-24) 表明，使零件破损的产品加速度不但取决于零件的极限加速度 a_{jx}，而且取决于脉

冲时间比 r，是脉冲时间比 r 的函数。脉冲时间 τ 很短，r 又是 τ 与 T_s 的比值，关系复杂，不便测试。产品的速度改变量 Δv 只与跌落高度 H 有关，而 H 又非常直观，容易把握。因此，用 Δv 代替 r，并通过 r 建立 $\ddot{x}_m$ 与 Δv 的函数关系，用来描述易损零件的破损条件。

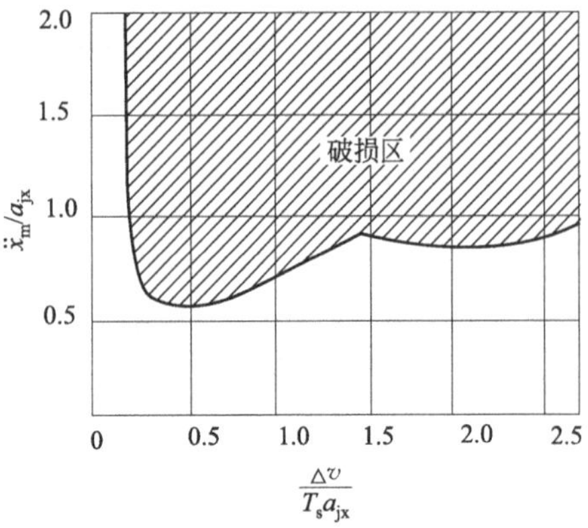

根据式(3-18)，产品跌落冲击时的速度改变量为

$$\Delta v=\frac{2}{\pi}\ddot{x}_m\tau=\frac{2r\ddot{x}_m}{\pi f_{sn}} \tag{3-25}$$

将式(3-24) 代入式(3-25)，就得到使零件破损的产品速度改变量

$$\Delta v\geqslant\frac{2ra_{jx}}{\pi f_{sn}\beta(r)} \tag{3-26}$$

图 3-10 跌落冲击的产品破损边界曲线

取 $\ddot{x}_m$-Δv 直角坐标系，见图 3-10。式(3-24) 与式(3-26) 在 $\ddot{x}_m$-Δv 直角坐标系上定义的区域称为破损区。在式(3-24) 与式(3-26) 中取等号，并将两式联立。得

$$\left.\begin{aligned}\ddot{x}_m&=\frac{a_{jx}}{\beta(r)}\\ \Delta v&=\frac{2ra_{jx}}{\pi f_{sn}\beta(r)}\end{aligned}\right\} \tag{3-27}$$

式(3-27) 是以 r 为参数的参数方程，它建立了 $\ddot{x}_m$-Δv 的函数关系，这个函数的曲线就是图 3-10 上破损区的边界曲线。零件破损就等于产品破损，所以式(3-27) 所描述的曲线被简单地称作跌落冲击的产品破损边界曲线。以 $\ddot{x}_m/a_{jx}$ 为纵坐标，$\frac{\Delta v}{T_s a_{jx}}$ 为横坐标建立直角坐标系；以冲击谱（表 3-2 和图 3-9）为基础，以 r 为参变量，根据式(3-27) 计算的特征点见表 3-2。根据表 3-2 绘制的跌落冲击的产品破损边界曲线见图 3-10。包装件落地后，地板对产品的脉冲波形为正弦半波，所以式(3-27) 又称作正弦半波脉冲的产品破损边界曲线的方程。

表 3-2 正弦半波脉冲产品破损边界曲线函数表

r	β	$\frac{\Delta v}{T_s a_{jx}}$	$\ddot{x}_m/a_{jx}$
0.0500	0.1995	0.16	5.00
0.1269	0.5000	0.16	2.00
0.2675	1.0000	0.17	1.00
0.5000	1.5708	0.20	0.64
0.8215	1.7683	0.30	0.57
1.5000	1.5000	0.64	0.60
2.0000	1.2681	1.00	0.79
2.5000	1.0825	1.47	0.92
3.2045	1.1756	1.73	0.85
4.5000	1.0699	2.68	0.93

例 3-4 有一包装件，产品衬垫系统的固有频率 $f_n=37\text{Hz}$，易损零件的固有频率 $f_{sn}=74\text{Hz}$，易损零件的极限加速度 $a_{jx}=120g$，试求恰好使产品破损的产品速度改变量和产品加速度。

解 易损零件的脉冲时间比

$$r=\frac{f_{sn}}{2f_n}=\frac{74}{2\times37}=1$$

由图 3-9 和表 3-2 查得 $r=1$，放大系数 $\beta=1.732$。恰好使产品破损的速度改变量

$$\Delta v=\frac{2ra_{jx}}{\pi f_{sn}\beta(r)}=\frac{2\times1\times120g}{\pi\times74\times1.732}=5.85(\text{m/s})$$

恰好使易损零件破损的产品加速度

$$\ddot{x}_m=\frac{a_{jx}}{\beta(r)}=\frac{120g}{1.732}=69g$$

包装件跌落冲击时，产品有一个确定的 $\ddot{x}_m$ 值和一个确定的 Δv 值，因此在 $\ddot{x}_m$-Δv 坐标系上对应着一个确定的点（$\ddot{x}_m$，Δv），如果这个点落在破损区内或破损边界上，产品就会破损，否则就不会破损。所以，产品破损边界曲线反映产品抵抗破损的能力，是产品在跌落冲击情况下的强度曲线。

例 3-5 产品中易损零件的固有频率 $f_{sn}=83\text{Hz}$，极限加速度 $a_{jx}=120g$，设产品分别从 $H=23\text{cm}$ 和 $H=105\text{cm}$ 处跌落，试求恰好使易损零件破损的产品加速度。

解 易损零件的固有周期与极限加速度的乘积为

$$T_s a_{jx}=\frac{a_{jx}}{f_{sn}}=120\times9.8/83=14.17\ (\text{m/s})$$

产品从 $H=23\text{cm}$ 跌落时的速度改变量为

$$\Delta v=2\sqrt{2gH}=2\sqrt{2\times9.8\times0.23}=4.25\ (\text{m/s})$$

速度改变量的相对值为

$$\frac{\Delta v}{T_s a_{jx}}=4.25/14.17=0.30$$

由表 3-2 查得，$\frac{\Delta v}{T_s a_{jx}}=0.30$ 时，$\ddot{x}_m/a_{jx}=0.57$。故恰好使易损零件破损的产品加速度为

$$\ddot{x}_m=0.57a_{jx}=0.57\times120g=68.4g$$

产品从 $H=105\text{cm}$ 跌落的速度改变量为

$$\Delta v=2\sqrt{2gH}=2\sqrt{2\times9.8\times1.05}=9.08\ (\text{m/s})$$

速度改变量的相对值为

$$\frac{\Delta v}{T_s a_{jx}}=9.08/14.17=0.64$$

由表 3-2 查得，$\frac{\Delta v}{T_s a_{jx}}=0.64$ 时，$\ddot{x}_m/a_{jx}=0.60$。故恰好使易损零件破损的产品加速度为

$$\ddot{x}_m=0.60a_{jx}=0.60\times120g=72g$$

由此可见，取不同的跌落高度，求得的使易损零件恰好破损的产品加速度是不同的。

第四节 产品脆值理论

这里所讲的产品脆值理论是 R. E Newton 于 1968 年提出的破损边界理论。这个理论所采用的各种公式和曲线是经过严格证明的，有坚实的理论基础。而且这个理论有配套的试验

设备和成熟的测试技术，已为世界各国学术界和产业界所接受，为减少产品在流通过程中的破损作出了很大贡献。

我们并不反对产品脆值的理论计算，但是，产品脆值的理论计算超出包装设计的范围，而是产品结构设计的一个部分（强度计算），只能在产品设计阶段进行。产品结构是为其功能服务的。工业产品种类繁多，其功能和结构是各不相同的。离开产品设计人员，包装工程师怎么会有如此渊博的学识，计算各种产品的脆值呢？一般来说，产品中零部件很多，其质量、形状、尺寸、材料和约束条件各不相同，而且各零部件之间还存在着各种各样的耦合（即作用与反作用）关系，是非常复杂的多自由度系统，从实际产品中提取它的力学模型，并分析其对振动与冲击环境的响应，必然会涉及工程力学的广泛知识，绝非易事。包装工程专业的力学课程（包括理论力学和材料力学）不足 100 学时，怎么会有如此坚实的数学和力学基础承担产品脆值计算的重任呢？对于航空、航天、核工业和各种高、精、尖的贵重产品，确有必要计算它的脆值，但这项工作只能由产品设计、工程力学和包装工程等各专业人员配合来完成。

实践是检验真理的唯一标准。即使是研究产品脆值的理论计算，也要通过实验室测试来检验计算结果是否准确。只有与测试结果吻合的计算方法才能上升为理论，应用于产品设计中去。所以，即使是研究产品脆值的理论计算，也不能否认产品脆值的实验室测试。

一、矩形脉冲激励

图 3-11 是用气垫式冲击机对产品进行冲击试验的示意图。产品被固定在冲击砧上，将冲击砧提至一定高度后突然释放，使它与气垫中的活塞相互冲击。冲击砧作用在产品上的力使产品产生加速度$\ddot{x}(t)$，气缸中的压力愈大，产品的加速度也愈大。从冲击砧与活塞接触到两者分离，这个过程就是产品冲击过程。为了使$\ddot{x}(t)$ 的波形为矩形，先将这种波形输入脉冲程序装置。在产品冲击过程中，程序装置将安装在产品上的加速度计反馈的信息与输入的脉冲波形不断进行比较，并调节气垫中的压力，使产品获得的$\ddot{x}(t)$ 的波形与输入的矩形波相吻合。

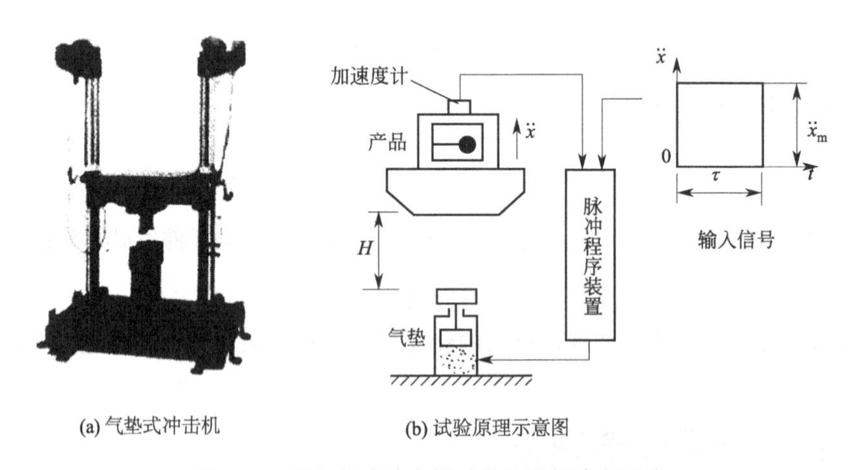

图 3-11 用气垫式冲击机对产品进行冲击试验

当$\ddot{x}(t)$ 的波形为矩形时，产品加速度随时间的变化规律为

$$\ddot{x}(t)=\begin{cases}\ddot{x}_{\mathrm{m}}(0\leqslant t\leqslant\tau)\\0(t\leqslant 0)\end{cases}\tag{3-28}$$

式中，τ 为脉冲持续时间；$\ddot{x}_{\mathrm{m}}$ 为脉冲峰值，即产品最大加速度。

产品在冲击时间内的速度改变量为

$$\Delta v=v_{\tau}-v_0=2\sqrt{2gH}\tag{3-29}$$

同时，Δv 又等于产品 $\ddot{x}$-t 曲线的面积，故

$$\Delta v=\ddot{x}_{\mathrm{m}}\tau$$

所以产品的脉冲持续时间为

$$\tau=\frac{2\sqrt{2gH}}{\ddot{x}_{\mathrm{m}}}\tag{3-30}$$

二、矩形脉冲的冲击谱

在矩形脉冲激励下，产品中易损零件的加速度 $\ddot{x}_{\mathrm{s}}$ 也随时间而变化，其 $\ddot{x}_{\mathrm{s}}$-t 曲线就是易损零件对矩形脉冲激励的响应，见图 3-12。图中 $\ddot{x}_{\mathrm{sm}}$ 是易损零件的最大加速度。

矩形脉冲的脉冲时间比为

$$r=\frac{\tau}{T_{\mathrm{s}}}=\tau f_{\mathrm{sn}}\tag{3-31}$$

式中，τ 为矩形脉冲的持续时间，T_{s}、f_{sn} 为易损零件的固有周期和固有频率。取不同的脉冲时间比，易损零件有不同的响应，情况非常复杂，图 3-12 只是两例。图 3-12(a) 中，脉冲时间比 $r=\tau/T_{\mathrm{s}}=0.25$，易损零件最大加速度 $\ddot{x}_{\mathrm{sm}}=1.41\ddot{x}_{\mathrm{m}}$。图 3-12(b) 中，脉冲时间比 $r=\tau/T_{\mathrm{s}}=2.17$，易损零件的最大加速度 $\ddot{x}_{\mathrm{sm}}=2\ddot{x}_{\mathrm{m}}$。图 3-12 是同一个易损零件，而且脉冲波形相同，都是矩形脉冲，不同的只是脉冲时间的长短。图 3-12(a) 中，脉冲时间短，$\tau=0.25T_{\mathrm{s}}$，脉冲时间比 $r=0.25$；图 3-12(b) 中，脉冲时间长，$\tau=2.17T_{\mathrm{s}}$，脉冲时间比 $r=2.17$。由于脉冲时间不同，图 3-12(a) 和图 3-12(b) 中的两条曲线根本不同，两者差别很大。因此说，取不同的脉冲时间比，易损零件就有不同的响应曲线。

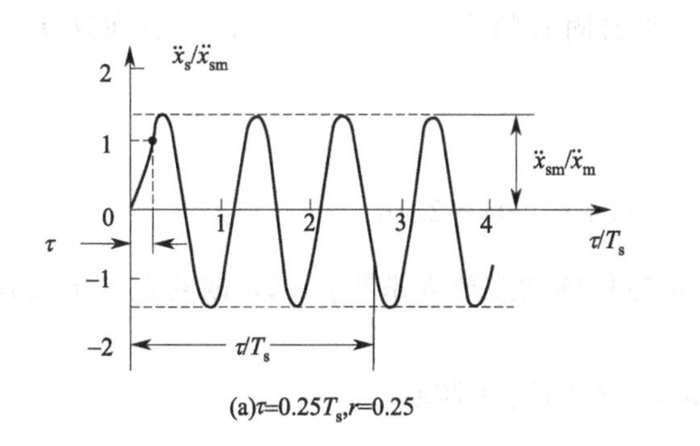

(a) $\tau=0.25T_s$, $r=0.25$

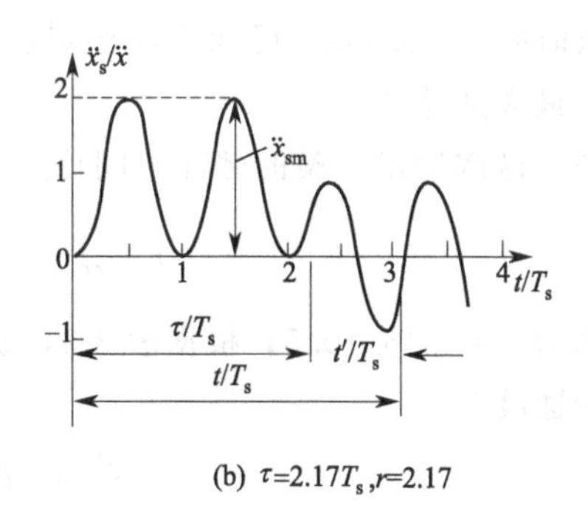

(b) $\tau=2.17T_s$, $r=2.17$

图 3-12　易损零件的响应

易损零件响应的最大加速度 $\ddot{x}_{\mathrm{sm}}$ 与矩形脉冲峰值 $\ddot{x}_{\mathrm{m}}$ 的比值称为动力放大系数，用 β 表示，即

$$\beta=\frac{\ddot{x}_{sm}}{\ddot{x}_{m}},\quad \ddot{x}_{sm}=\beta\ddot{x}_{m} \tag{3-32}$$

表 3-3 $\beta=\beta(r)$ 函数关系表

脉冲时间比 $r=\tau/T_s$	动力放大系数 $\beta=\ddot{x}_{sm}/\ddot{x}_m$	脉冲时间比 $r=\tau/T_s$	动力放大系数 $\beta=\ddot{x}_{sm}/\ddot{x}_m$
0.0278	0.17	0.2500	1.41
0.0556	0.35	0.3333	1.73
0.1111	0.68	0.4167	1.93
0.1667	1.00	≥0.5000	2.00
0.2111	1.23		

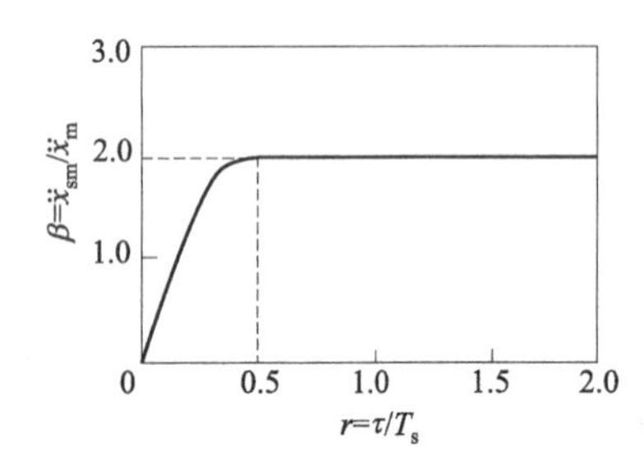

图 3-13 矩形脉冲的冲击谱

理论研究表明，易损零件的动力放大系数 β 是脉冲时间比 r 的函数，两者的函数关系称为矩形脉冲的冲击谱，见表 3-3。根据表 3-3 绘制的矩形脉冲冲击谱的图形见图 3-13。缓冲包装关注的不是易损零件在矩形脉冲激励下的 $\ddot{x}_s$-t 曲线（图 3-12），而是它的最大加速度 $\ddot{x}_{sm}$。冲击谱之所以重要，是因为有了矩形脉冲的冲击谱，不用求解易损零件在矩形脉冲激励下的 $\ddot{x}_s$-t 曲线，就能计算它的最大加速度 $\ddot{x}_{sm}$。

例 3-6 在气垫式冲击机上用矩形脉冲对某产品进行冲击试验，已知输入的脉冲峰值为 $\ddot{x}_m$，脉冲时间 $\tau=0.25T_s$，试求易损零件在这次冲击试验中的最大加速度。

解 这次冲击试验的脉冲时间比为

$$r=\frac{\tau}{T_s}=0.25$$

从表 3-3 可查到：

$$r=0.25,\ \beta=1.41$$

所以易损零件在这次冲击试验中的最大加速度为

$$\ddot{x}_{sm}=\beta\ddot{x}_m=1.41\ddot{x}_m$$

例 3-7 在气垫式冲击机上用矩形脉冲对某产品进行冲击试验，脉冲峰值 $\ddot{x}_m=35g$，脉冲持续时间 $\tau=0.04$s。已知产品中易损零件的固有频率 $f_{sn}=54$Hz，试求它在这次冲击试验中的最大加速度。

解 这次冲击试验的脉冲时间比为

$$r=\frac{\tau}{T_s}=f_{sn}\tau=54\times0.04=2.16$$

因为 $r=2.16>0.5$，根据表 3-3，易损零件的动力放大系数 $\beta=2$，故它在这次试验中的最大加速度为

$$\ddot{x}_{sm}=\beta\ddot{x}_m=2\times35g=70g$$

三、矩形脉冲的产品破损边界曲线

根据冲击谱公式，将易损零件的最大加速度表达为 $\ddot{x}_{sm}=\beta(r)\ddot{x}_m$，易损零件的破损条件为

$$\ddot{x}_{sm}=\beta(r)\ddot{x}_{m}\geqslant a_{jx} \tag{3-33}$$

a_{jx}是易损零件的极限加速度。由此得到使零件破损的产品加速度为

$$\ddot{x}_{m}\geqslant\frac{a_{jx}}{\beta(r)} \tag{3-34}$$

将式(3-30）中的速度改变量改写为

$$\Delta v=\ddot{x}_{m}\tau=\frac{r\ddot{x}_{m}}{f_{sn}}$$

再将式(3-34）代入，就得到使零件破损的产品速度改变量

$$\Delta v=\ddot{x}_{m}\tau\geqslant\frac{ra_{jx}}{f_{sn}\beta(r)} \tag{3-35}$$

在式(3-34）和式(3-35）中取等号，并将两式联立，就得到以脉冲时间比 r 为参数的矩形脉冲的产品破损边界曲线的参数方程：

$$\left.\begin{aligned}\ddot{x}_{m}&=\frac{a_{jx}}{\beta(r)}\\ \Delta v&=\frac{ra_{jx}}{f_{sn}\beta(r)}\end{aligned}\right\} \tag{3-36}$$

以 $\ddot{x}_{m}/a_{jx}$为纵坐标，以 $\Delta v/(a_{jx}/f_{sn})$ 为横坐标，根据表 3-3 计算的矩形脉冲的产品破损边界曲线的特征点，见表 3-4。根据表 3-4 绘制的矩形脉冲的产品破损边界曲线见图 3-14。

表 3-4　特征点计算

r	β	$\frac{\Delta v}{T_s a_{jx}}$	$\ddot{x}_{jx}/a_{jx}$	r	β	$\frac{\Delta v}{T_s a_{jx}}$	$\ddot{x}_{jx}/a_{jx}$
0.0278	0.17	0.16	5.88	0.1667	1.00	0.17	1.00
0.0431	0.27	0.16	3.70	0.350 0	1.67	0.21	0.60
0.0804	0.50	0.16	2.00	≥0.5	2.00	≥0.25	0.50

用重力加速度 g 度量产品的最大加速度。用 G_m 表示，即

$$G_m=\ddot{x}_m/g$$

以 G_m 为纵坐标，以 Δv 为横坐标，根据表 3-4 绘制的矩形脉冲的产品破损边界曲线见图 3-14。从图 3-14 可以看出，矩形脉冲的产品破损边界曲线非常简单，它是由两条直线构成的：一条为垂直线，称为临界速度线，其起点为 C；另一条为水平线，称为临界加速度线，其起点为 D。只要知道 C、D 两点的纵横坐标，就能绘出这条曲线，见图 3-15。

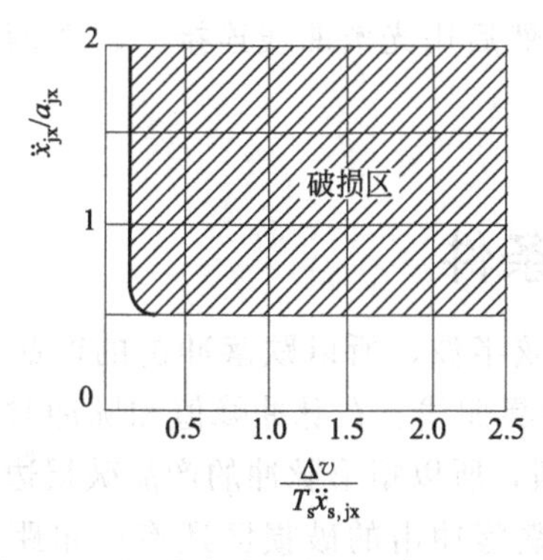

图 3-14　矩形脉冲的产品破损边界曲线

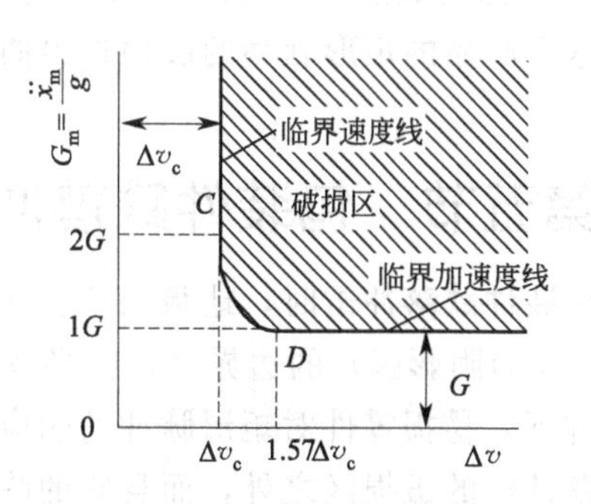

图 3-15　破损边界曲线的两个特征点

D 点的纵坐标就是临界加速度线的纵坐标，用 G 表示，G 称为产品脆值，其大小取决于易损零件的极限加速度 a_{jx}，且

$$G=\frac{a_{jx}}{2g} \tag{3-37}$$

C 点的横坐标就是临界速度线的横坐标，用 Δv_c表示，称为产品的临界速度。从表 3-4 可以看出，垂直线的横坐标为

$$\Delta v_c=0.16T_s a_{jx}=\frac{a_{jx}}{2\pi f_{sn}} \tag{3-38}$$

C 点的纵坐标为 $2G$，即

$$G_m=2G=\frac{a_{jx}}{g} \tag{3-39}$$

D 点的横坐标为$\frac{\pi}{2}\Delta v_c$，即

$$\Delta v_D=\frac{\pi}{2}\Delta v_c \tag{3-40}$$

例 3-8 已知产品易损零件的极限加速度 $a_{jx}=110g$，固有频率 $f_{sn}=80\text{Hz}$，试绘制矩形脉冲的产品破损边界曲线。

解 产品脆值为

$$G=\frac{a_{jx}}{2g}=\frac{110}{2}=55$$

产品的临界速度为

$$\Delta v_c=\frac{a_{jx}}{2\pi f_{sn}}=\frac{110\times 9.8}{2\pi\times 80}=2.15\ (\text{m/s})$$

临界速度线起点 C 的纵、横坐标为

$$G_m=2G=110,\ \Delta v_c=2.15\ (\text{m/s})$$

临界加速度线起点 D 的纵、横坐标为

$$G_m=G=55,\ \Delta v_D=\frac{\pi}{2}\Delta v_c=\frac{\pi}{2}\times 2.15=3.38\ (\text{m/s})$$

由 C 点为起点作垂直线，以 D 为起点作水平线，然后用光滑曲线连接 C、D 两点，就得到这个产品的矩形脉冲的破损边界曲线，见图 3-15。

第五节 包装件跌落冲击的强度条件

包装件跌落冲击时，地板对产品的冲击波形为正弦半波，所以跌落冲击的产品破损区（图 3-16 的阴影区）的边界是正弦半波脉冲产品破损边界曲线。在脉冲峰值和脉冲时间相同的条件下，易损零件对矩形脉冲的响应比正弦半波强烈，所以矩形脉冲的产品破损边界曲线在跌落冲击的破损区之外，而且它的临界加速度线到跌落冲击的破损区还有一定距离（图 3-16），因此在分析包装件的跌落冲击时将矩形脉冲的临界加速度线作为安全边界。

将产品跌落冲击时的最大加速度$\ddot{x}_m$与重力加速度g比较，用G_m表示：

$$G_m=\frac{\ddot{x}_m}{g}=2\pi f_n\sqrt{\frac{2H}{g}}$$

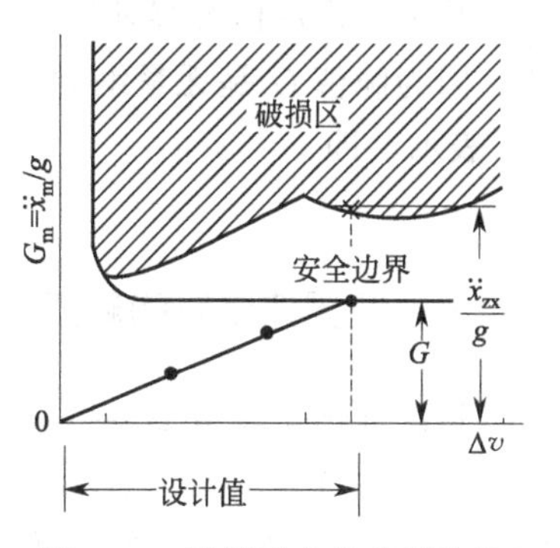

图 3-16 跌落冲击的破损边界

式中，f_n为产品衬垫系统的固有频率；G_m为$\ddot{x}_m$对g的倍数；G_m仍称作产品最大加速度，它能更直觉地判断$\ddot{x}_m$的大小。产品跌落冲击时的速度改变量为$\Delta v=2\sqrt{2gH}$，故

$$G_m=\pi f_n=\frac{\Delta v}{g} \tag{3-41}$$

式(3-41) 表明，最大加速度G_m与速度改变量Δv是线性关系，因此包装件的每一次跌落冲击都落在图 3-16 过原点的同一直线上。

在跌落冲击的情况下，矩形脉冲的临界加速度线是安全边界，其纵坐标就是产品脆值G。矩形脉冲与正弦半波脉冲的临界速度线是重合的。与产品临界速度Δv_c对应的跌落高度H_c是个很小的值，包装件的设计跌落高度远大于H_c，因此产品速度改变量Δv的设计值总是在矩形脉冲的临界加速度（安全边界）之下。如果令$\Delta v=$设计值，则

$$G_m=G \tag{3-42}$$

产品的跌落冲击就一定落在安全边界内，它到破损区还有一定距离，因而有一定的安全储备，所以脆值G就是跌落冲击时的许用加速度。包装件的跌落高度越大，产品的加速度也越大。只要按式(3-42) 设计缓冲包装，而包装件的跌落高度又不超过设计值，G_m就不会超过G，产品就不会破损，而且有一定的安全系数，因此包装件跌落冲击的强度条件为

$$G_m=2\pi f_n\sqrt{\frac{2H}{g}}\leqslant G \tag{3-43}$$

例 3-9 包装件中产品的质量$m=20$kg，产品脆值$G=50$，衬垫的弹性常数$k=468$kN/m，包装件的跌落高度$H=120$cm，试对这个包装件进行强度校核。为了不使产品破损，包装件的跌落高度应降至多少？

解 产品衬垫系统的固有频率为

$$\omega=\sqrt{\frac{k}{m}}=\sqrt{\frac{468\times1000}{20}}=153\ (\text{s}^{-1})$$

产品跌落冲击的最大加速度为

$$G_m=\omega\sqrt{\frac{2H}{g}}=153\times\sqrt{\frac{2\times1.2}{9.8}}=76$$

因为$G_m>G$ ($G=50$)，所以产品有可能在跌落冲击中破损，不安全。为了不使产品破损，令

$$G_m=153\times\sqrt{\frac{2H}{9.8}}\leqslant G=50$$

由此解得$H\leqslant52$cm，即将跌落高度由 120cm 降至 52cm 以下。

第六节 产品脆值测试

产品种类繁多，结构复杂。因此，产品脆值不是通过理论计算确定，而是通过实验室试

验测定的。这项试验是在冲击试验机上进行的，采用的脉冲波形为矩形。试验分为两步，第一步是测试产品的临界速度线，第二步是测试产品的临界加速度线。临界加速度就是产品脆值。因为脆值 G 是无量纲的纯数，所以将脉冲峰值 $\ddot{x}_m$ 也表达为重力加速度 g 的倍数，用 G_m 表示，即：

$$G_m = \ddot{x}_m / g$$

一、临界速度线的测试

每次冲击试验有 $\Delta v = 2\sqrt{2gH}$ 和 $G_m = \ddot{x}_m / g$ 两个输入量，这两个输入量对应着 G-Δv 平面上的一个点（$\Delta v, G_m$），见图 3-17。在测试临界速度线时，要求前几次的试验结果（$\Delta v, G_m$）落在破损区外，而且落在起点 C 的上方，并逐步向临界速度线逼近，直至产品破损为止。为此，第一次试验要尽量调低冲击砧的跌落高度，尽量调高气垫压力。以图 3-17(b) 为例，试验共进行七次，产品在前六次试验后仍保持完好状态，在第七次试验后破损。在破损点与最后一个完好点之间画一条垂直线，其横坐标就是产品的临界速度改变量 Δv_c。

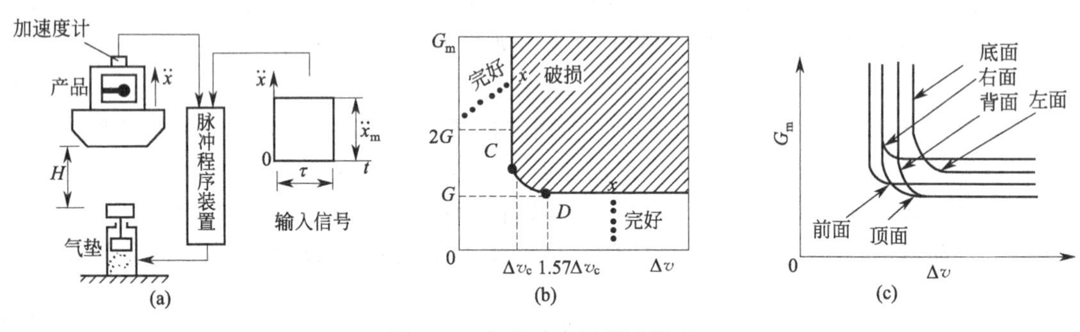

图 3-17 气垫冲击机测试原理

二、临界加速度线的测试

在更换产品试样后，适当调高冲击砧的跌落高度，使对应的速度改变量 $\Delta v > 1.57 v_c$，使各次的试验结果（$\Delta v, G_m$）都落在起点 D 的右侧［图 3-17(b)］。各次试验所取的跌落高度都一样，所以各次的试验结果（$\Delta v, G_m$）都落在垂直于 Δv 轴的同一直线上。第一次试验要尽量调低气垫压力，务使前几次的试验结果（$\Delta v, G_m$）落在破损区之外。在试验过程中，逐步调高脉冲峰值，使试验结果（$\Delta v, G_m$）逐步向临界加速度线逼近，直至产品破损为止。以图 3-17(b) 为例，试验共进行六次，前五次试验后产品仍保持完好状态，在第六次试验中破损。在破损点与最后一个完好点之间画一条水平线，它的纵坐标就是产品脆值 G。

在临界速度线上，取 $G_m = 2G$ 的点，此点就是起点 C。在临界加速度线上，取 $\Delta v = 1.57 v_c$ 的点，此点就是起点 D。用一光滑曲线连接 C、D 两点，就得到实验室测试的矩形脉冲的产品破损边界曲线。

产品中零部件很多。从不同方向冲击，产品中最容易破损的零部件可能是不同的。即使是同一个零部件，从不同方向冲击，其强度和振动特性也不一定相同。所以，从不同方向冲击，产品有不同的破损边界曲线［图 3-17(c)］。

例 3-10 采用矩形脉冲对某产品进行冲击试验的记录如表 3-5 所示，试说明产品脆值和产品的临界速度。

解 根据跌落高度计算的各次试验的速度改变量列于同一表中。根据试验记录绘制的破损边界曲线见图 3-17(b)。根据表 3-5 的记录，临界速度测试最后一次完好是第 5 次，而第 6 次破损，故临界速度在第 5 次和第 6 次试验之间，故 $\Delta v_c = 2.75\text{m/s}$。从表中临界加速度的测试还可以看出，产品脆值 G 在第 6 次和第 7 次之间，故 $G=42.5$。

表 3-5 产品冲击试验数据

项目	次数	H/cm	Δv/(m/s)	G_m	产品状态
测试临界速度	1	0.3	0.5	120	完好
	2	1.3	1.0	120	完好
	3	2.8	1.5	120	完好
	4	5.1	2.0	120	完好
	5	8.0	2.5	120	完好
	6	11.5	3.0	120	破损
测试临界加速度	1	40	5.6	10	完好
	2	40	5.6	20	完好
	3	40	5.6	25	完好
	4	40	5.6	30	完好
	5	40	5.6	35	完好
	6	40	5.6	40	完好
	7	40	5.6	45	破损

第七节 国内外的一些产品脆值标准

不在冲击机上对产品进行破损试验，不可能测出产品脆值。因为测试产品脆值要付出一定的代价，所以国内开展这项试验的企业还不多。一些大的生产企业，目前虽然开始了这方面的工作，但所测的数据也仅作为企业内部的资料，并不公开，只有中国机械标准化研究所在这方面做了许多工作，并取得宝贵的成果，见表 3-6。所以，目前还没有条件搜集和整理各类产品脆值的测试数据，更没有条件制定自己的产品脆值标准。美国、英国、日本等发达国家在这方面做过的工作较多，积累了一定数量的测试数据，在此基础上颁布了一些产品的脆值量值标准（表 3-6～表 3-10），可供我们参考。

表 3-6 中国机械标准化研究所标准

G 值	产 品 举 例
25～40	冰箱压缩机
40～60	彩色电视机、显示器、鸡蛋
60～90	黑白电视机、电冰箱
90～120	光学经纬仪、荧光灯、陶瓷器皿、单放机、电动玩具

表 3-7 美国军用标准

G 值	产 品 举 例
15～24	导弹导航系统，精密校验仪器具，陀螺，惯性导航平台
25～39	机械振动测试仪表，真空管，电子仪表，雷达
40～59	航空附属仪表、电子记录装置，大多数团体电器装置，示波器，精密机械零件
60～84	电视机，航空仪表，某些固体电器
85～110	电冰箱，机电设备
110 以上	机器，飞机零件，控制台，液压传动装置

表 3-8 英国综合防护手册标准

G 值	产品举例
40	雷达及其控制系统，自动控制仪表，瞄准器，陀螺
40～60	制动陀螺，马赫表，精密仪器
60～80	油量计，压力计，一般电器
80～100	真空管，阴极射线管，电冰箱
100～120	热交换器，油冷却器，取暖电炉，记忆装置，散热器

表 3-9 日本防卫厅标准

G 值	产品举例
10 以下	大型电子计算机
10～25	导弹跟踪装置，高级电子仪器，晶体振荡器，精密测量仪器，航空导航装置
25～40	大型电子管，变频装置，精密指示仪，电子器件，精密机器
40～60	微型计算机，现钞出纳机，大型通讯装备，磁带录音机，彩色电视机，一般仪器仪表，飞机精密零件
60～90	黑白电视机，录音机，照相机，真空管，光学仪器，无线电装置，热水瓶，鸡蛋
90～120	电冰箱，洗衣机，钟表
120 以上	一般机械及零配件，陶瓷制品

表 3-10 日本三菱电气集团公司

序号	产品名称(型号)	G 值	重量/kg	体积/$\times 10^3 cm^3$
1	榨汁机(JE-1700)	72	4.1	11.9
2	烤箱(Bo-1100)	108	9.7	52.4
3	黑白电视机(14PS-4030)	40	8.7	39.6
4	黑白电视机(12PS-3190)	47	5.5	34.4
5	彩色电视机(14PS-101)	38	13.6	63.3
6	彩色电视机(14CTS-156)	43	16.5	73.0
7	彩色电视机(14CP-196)	30	16.0	65.7
8	彩色电视机(14CT-303)	75	19.8	85.3
9	彩色电视机(14CT-313)	63	18.0	88.4
10	彩色电视机(18CT-B64W)	41	28.1	168.7
11	彩色电视机(20CT-B88W)	30	37.1	182.9
12	立体声扩声机(DA-U550)	93	7.7	15.2
13	立体声扩音机(DA-U450)	95	7.0	16.6
14	立体声调谐器(DA-F450)	110	4.0	16.6
15	录音式唱机(DP-66B)	86	9.3	36.0
16	录音式唱机(JR-811)	95	7.1	23.1
17	VCR(HV-4100EP)	45	14.5	29.9
18	吸尘器(TC-3700)	120	5.2	30.1
19	吸尘器(TC-5000)	73	4.6	24.8
20	吸尘器(TC-6000)	63	4.0	20.8

续表

序号	产品名称(型号)	G 值	重量/kg	体积/×10³cm³
21	吸尘器(TC-5202)	159	4.2	20.3
22	洗衣机(CW-620)	36	26.1	270.4
23	洗衣机(CW-6205)	25	21.0	270.4
24	空调器(MS-1870-1)	75	9.0	33.1
25	空调器(MS-1870-0)	40	29.0	84.3
26	空调器(MS-2205-1)	45	11.0	54.9
27	空调器(MS-2205-0)	50	29.0	94.9
28	空调器(MS-2201-1)	60	14.0	96.7
29	空调器(MS-2201-0)	60	35.0	94.9
30	空调器(MS-1601-1)	70	8.0	68.8
31	空调器(MS-1601-0)	70	20.0	58.6
32	空调器(MS-1620R)	35	31.0	84.0

在有关产品脆值的 5 份资料中，4 份只说明脆值与产品种类的关系，只有日本三菱公司不但介绍脆值 G 与产品种类的关系，而且说明脆值 G 与产品重量和体积的关系，给人耳目一新的感觉。为了更清楚地了解脆值 G 与产品重量和体积的关系，我们将这种关系绘制成图（图 3-18）供读者参考。

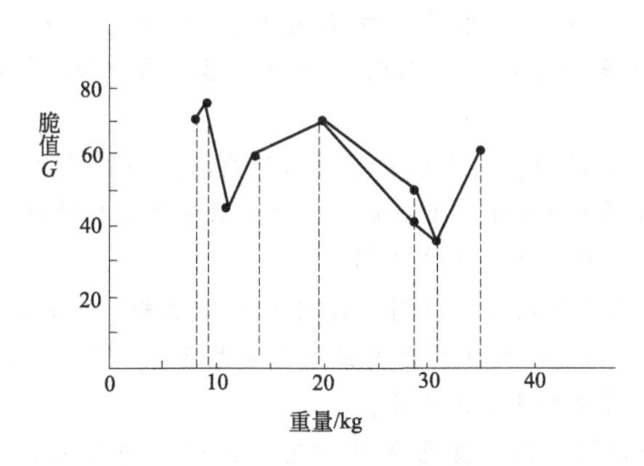

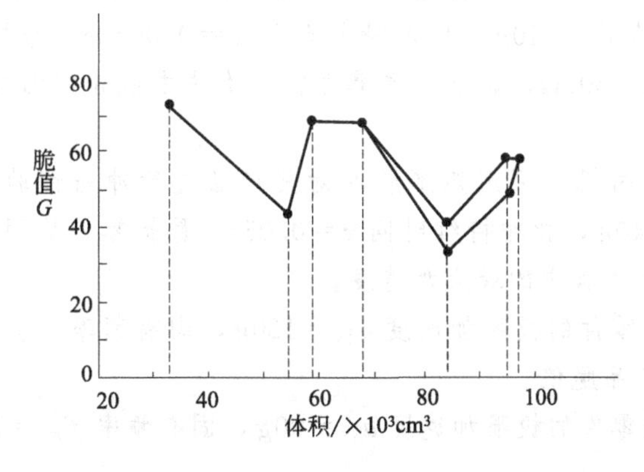

图 3-18 三菱空调机脆值 G 与其重量和体积的关系

习 题

1. 产品的跌落高度 $H=80\text{cm}$，不计衬垫的内阻和塑性变形，试求产品在跌落冲击过程中的速度改变量。

2. 产品质量 $m=10\text{kg}$，衬垫的弹性常数 $k=2.47\text{kN/cm}$，产品跌落高度 $H=60\text{cm}$，试求产品的冲击持续时间和衬垫的最大变形。

3. 产品质量 $m=8\text{kg}$，衬垫面积 $A=120\text{cm}^2$，衬垫厚度 $h=3.6\text{cm}$，材料的弹性模量 $E=800\text{kPa}$，产品跌落高度 $H=80\text{cm}$，试求产品最大加速度、冲击持续时间和速度改变量（题 3-3 图）。

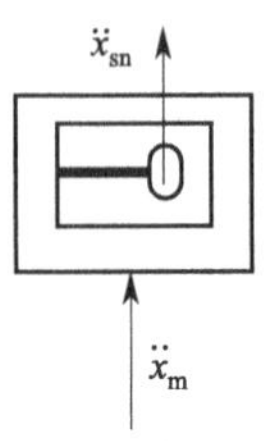

题 3-3 图

4. 产品质量 $m=8\text{kg}$，衬垫面积 $A=120\text{cm}^2$，材料的弹性模量 $E=800\text{kPa}$，产品跌落高度 $H=80\text{cm}$，要求产品跌落冲击的最大加速度 $G_m=50$，试求衬垫厚度。

5. 产品跌落冲击的持续时间 τ 分别为 0.0125s 和 0.04s，易损零件的固有频率 $f_{sn}=80\text{Hz}$，产品的加速度峰值 $\ddot{x}_m=50g$，试求易损零件在产品这两次冲击下的最大加速度。

6. 有一包装件，产品衬垫系统的固有频率 $f_n=20\text{Hz}$，产品跌落高度 $H=80\text{cm}$，产品中易损零件的固有周期 $T_s=0.01565\text{s}$，试求易损零件在这次跌落冲击中的最大加速度。

7. 有一包装件，产品衬垫系统的固有频率 $f_n=30\text{Hz}$，产品跌落高度 $H=60\text{cm}$，易损零件的固有频率 $f_{sn}=75\text{Hz}$，试求易损零件在这次跌落冲击中的最大加速度。

8. 有一包装件，产品衬垫系统的固有频率 $f_n=40\text{Hz}$，易损零件的固有频率 $f_{sn}=80\text{Hz}$，易损零件的极限加速度 $a_{jx}=100g$，试求跌落冲击时恰好使产品破损的产品速度改变量和产品加速度。

9. 某产品跌落冲击的破损边界曲线见题 3-9 图，产品衬垫系统的固有频率 $f_n=35\text{Hz}$，包装件的跌落高度分别为 30cm 和 120cm，试在题 3-9 图上标明这两次跌落冲击的位置，并说明产品在这两次跌落冲击中会不会破损。

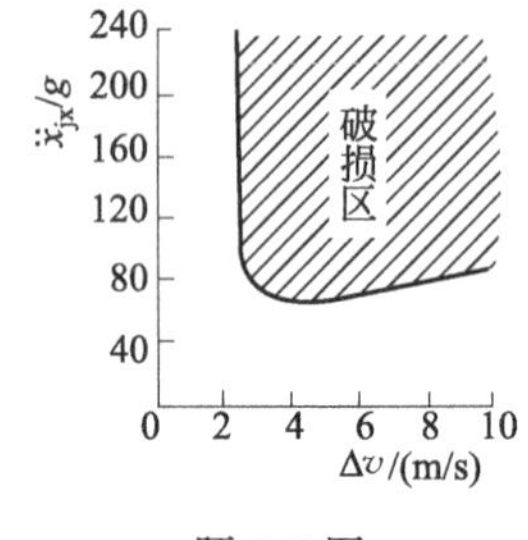

题 3-9 图

10. 气垫式冲击机采用矩形脉冲对产品进行冲击试验，已知冲击砧的跌落高度 $H=25\text{cm}$，产品获得的最大加速度 $\ddot{x}_m=50g$，试求冲击砧的冲击持续时间和速度改变量。

11. 在气垫式冲击机上采用矩形脉冲对某产品进行冲击试验，已知输入的脉冲峰值 $\ddot{x}_m=40g$，脉冲持续时间 $\tau=0.0042\text{s}$，易损零件的固有频率 $f_{sn}=60\text{Hz}$，试求易损零件在这次冲击试验中的最大加速度。

12. 在气垫式冲击机上采用矩形脉冲对某产品进行冲击试验，已知脉冲峰值 $\ddot{x}_m=40g$，脉冲持续时间 $\tau=0.05\text{s}$，易损零件的固有频率 $f_{sn}=60\text{Hz}$，试求易损零件在这次冲击试验中的最大加速度。

13. 产品中易损零件的极限加速度 $a_{jx}=120g$，固有频率 $f_{sn}=80\text{Hz}$，试求这个产品的临界速度改变量和产品脆值。

14. 产品中易损零件的极限加速度 $a_{jx}=90g$，固有频率 $f_{sn}=75\text{Hz}$，试绘制矩形脉冲的产品破损边界曲线。

15. 某产品矩形脉冲的破损边界曲线见题 3-15 图。在气垫式冲击机上对这个产品进行

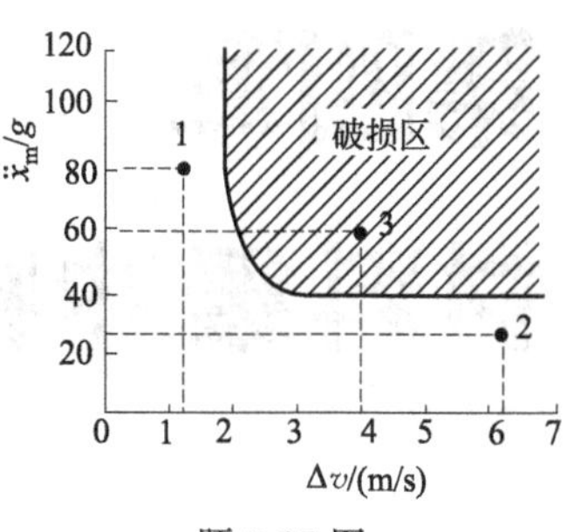

题 3-15 图

冲击试验：第一次试验冲击砧跌落高度 $H=2\text{cm}$，脉冲峰值 $\ddot{x}_m=100g$；第二次试验冲击砧跌落高度 $H=50\text{cm}$，脉冲峰值 $\ddot{x}_m=20g$；第三次试验冲击砧跌落高度 $H=20\text{cm}$，脉冲峰值 $\ddot{x}_m=60g$；试问产品在这三次试验中会不会破损。

16. 产品脆值 $G=50$，产品衬垫系统的固有频率 $f_n=20\text{Hz}$，产品跌落高度 $H=60\text{cm}$，试问这个产品跌落时是否安全？

17. 产品脆值 $G=60$，产品衬垫系统的固有频率 $f_n=30\text{Hz}$，产品跌落高度 $H=80\text{cm}$，试问这个产品跌落时是否安全？

18. 产品质量 $m=15\text{kg}$，产品脆值 $G=60$，产品跌落高度 $H=80\text{cm}$，衬垫面积 $A=240\text{cm}^2$，材料的弹性模量 $E=500\text{kPa}$。为了使产品跌落冲击的最大加速度恰好等于产品脆值，应取多大的衬垫厚度？

第四章 材料缓冲特性曲线

绝大多数缓冲材料都是非线性材料，其压力变形曲线又非常复杂，只能用数值积分法求解产品的加速度-时间函数，数值积分法过于繁琐不便应用，因此目前国内外普遍采用缓冲系数最大应力曲线和最大加速度-静应力曲线计算衬垫的面积和厚度。这两种曲线都是根据实验室试验结果绘制的，两者之间有内在联系，在一定条件下可以相互变换，所以统称为材料缓冲特性曲线。最大加速度-静应力曲线是个庞大的曲线族。绘制这个曲线族要做大量试验，费用太高，难以实现。因此，我们以缓冲系数-最大应力曲线为重点，讨论各种情况下衬垫的计算方法。

第一节 研究跌落冲击问题的能量法

包装件自高度 H 处跌落，见图 4-1(a)。跌落开始时，内装产品的动能为零，重力势能为 WH，衬垫单位体积所具有的重力势能为

$$u_1=\frac{WH}{Ah}$$

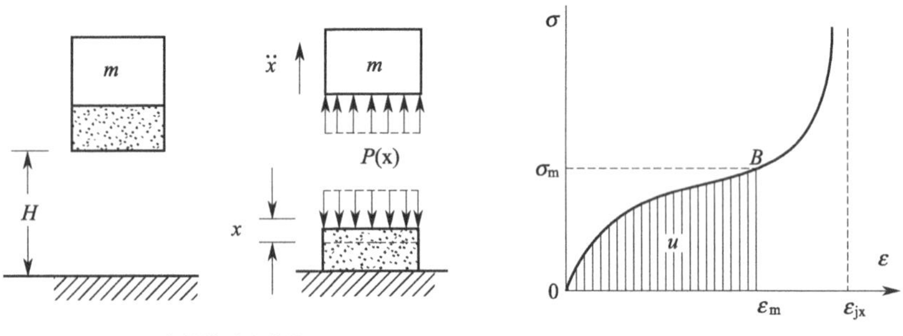

(a) 产品的重力势能

(b) 衬垫的弹性势能

图 4-1 跌落冲击过程的能量转化原理

Ah 为衬垫体积。包装件落地后，产品冲击衬垫而做功，见图 4-1(a)，衬垫因被压缩而具有弹性变形能。根据功能原理，衬垫的弹性变形能等于产品冲击力对衬垫所做的功，即

$$U=\int_0^{x_m} P\,dx$$

式中，x_m 是衬垫最大变形（产品最大位移），衬垫单位体积的弹性变形能称为弹性比能，用 u 表示，即

$$u=\frac{U}{Ah}=\int_0^{x_m}\frac{P}{A}d\left(\frac{x}{h}\right)$$

式中，$\frac{P}{A}=\sigma$，是衬垫的应力；$\frac{x}{h}=\varepsilon$，是衬垫的应变。当 $x=x_{\mathrm{m}}$ 时，$\sigma=\sigma_{\mathrm{m}}$，$\varepsilon=\varepsilon_{\mathrm{m}}$，$\sigma_{\mathrm{m}}$ 是衬垫的最大应力，ε_{m} 是衬垫的最大应变。于是，上式可改写为

$$u=\int_0^{\varepsilon_{\mathrm{m}}}\sigma\mathrm{d}\varepsilon \tag{4-1}$$

就其几何意义而言，衬垫的弹性比能 u 等于材料应力-应变曲线下的曲边三角形的面积，见图 4-1(b)。在引入弹性比能的概念后，衬垫的弹性变形能可以表达为

$$U=uAh \tag{4-2}$$

衬垫变形达到最大值时，产品的动能和重力势能均为零，产品的能量全部转化为衬垫的弹性势能。根据机械能守恒定律，衬垫的弹性势能应等于产品开始跌落时的重力势能，即

$$U=WH \tag{4-3}$$

两边除以衬垫体积 Ah，得

$$\frac{U}{Ah}=\frac{WH}{Ah}$$

故

$$u=u_1=\frac{WH}{Ah} \tag{4-4}$$

即衬垫的弹性比能等于跌落开始时衬垫单位体积具有的重力势能。式(4-4) 表明，在已知 W，H，A，h 的情况下，u_1 有一确定值。因此，材料的 σ-ε 曲线下总有一确定的曲边三角形，其面积恰好等于 u_1，其最大应力为 σ_{m}，其最大应变为 ε_{m}。于是，产品的最大冲击力和衬垫最大变形可表达为

$$P_{\mathrm{m}}=A\sigma_{\mathrm{m}} \tag{4-5}$$

$$x_{\mathrm{m}}=\varepsilon_{\mathrm{m}}h \tag{4-6}$$

根据牛顿第二定律，不计产品自重，衬垫反作用于产品的最大冲击力 $P_{\mathrm{m}}=m\ddot{x}_{\mathrm{m}}$，故产品最大加速度为

$$G_{\mathrm{m}}=\frac{\ddot{x}_{\mathrm{m}}}{g}=\frac{P_{\mathrm{m}}}{mg}=\frac{A\sigma_{\mathrm{m}}}{W} \tag{4-7}$$

将式(4-4) 代入式(4-7)，得

$$G_{\mathrm{m}}=\frac{\sigma_{\mathrm{m}}H}{uh}$$

令

$$C=\frac{\sigma_{\mathrm{m}}}{u}=\frac{\sigma_{\mathrm{m}}}{\int_0^{\varepsilon_{\mathrm{m}}}\sigma\mathrm{d}\varepsilon} \tag{4-8}$$

则产品最大加速度又可以表达为

$$G_{\mathrm{m}}=\frac{CH}{h} \tag{4-9}$$

式中，C 称为材料的缓冲系数，它是最大应力 σ_m 与弹性比能 u 的比值。

第二节 材料缓冲特性曲线

一、缓冲系数与最大应力的函数关系

以图 4-2 为例，材料的应力-应变曲线为

$$\sigma=160\tan 1.85\varepsilon \ (\text{kPa})$$

最大应力 σ_m 分别取 79kPa、156kPa、200kPa，分别计算它们对应的材料的缓冲系数。计算过程从略，计算结果如表 4-1 所示。

表 4-1 材料的缓冲系数

最大应力 σ_m/kPa	最大应变 ε_m	材料弹性比能 u/(kJ/m^3)	材料缓冲系数 C
79	0.25	9.43	8.37
158	0.42	29.40	5.37
200	0.48	40.69	4.91

以上结果表明，在 σ-ε 曲线上取不同的 σ_m 值，材料有不同的缓冲系数 C，即材料缓冲系数 C 是最大应力 σ_m 的函数。

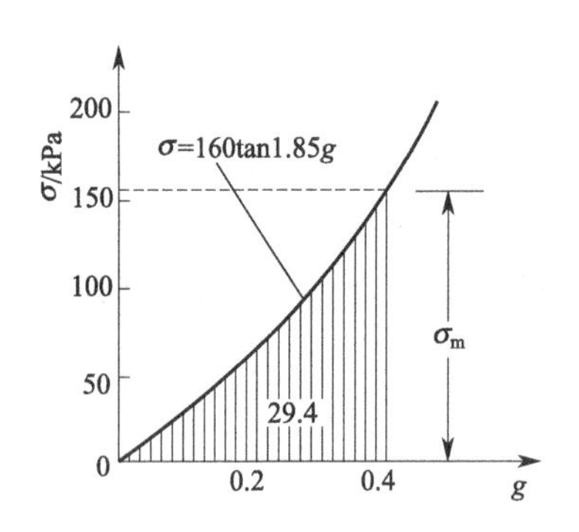

图 4-2 确定 σ_m 的能量法

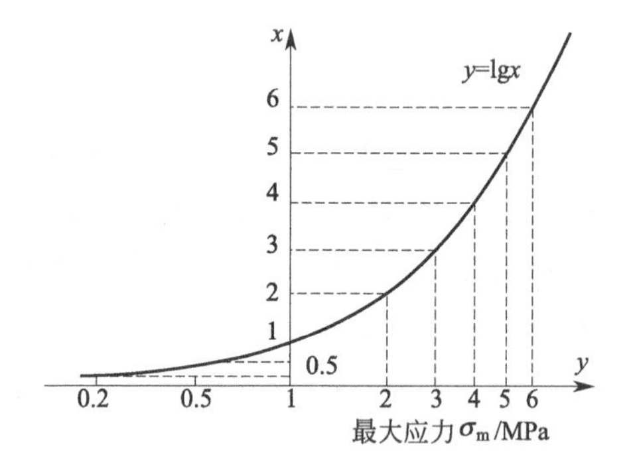

图 4-3 对数坐标应力轴

二、对数坐标应力轴

有原点、方向和标注值的直线称为轴。常用坐标轴上标注差相等的两点，不论在什么位置，距离总是相等的。在绘制 C-σ_m 曲线时，应力轴大多采用对数坐标，轴上的标注值是经过对数变换的，两点的标注差与它们的几何距离是不成正比的。标注差相同的两点在应力大的地方间距小，在应力小的地方间距大，而轴的原点在无限远处，这就是对数坐标的特殊性。

图 4-3 说明对数坐标应力轴的绘制方法。在常规 x-y 坐标系上，以适当的比例尺作一条对数曲线 $y=\lg x$，将 x 轴上的标注值通过对数曲线折射到 y 轴上，并将 y 轴作为应力轴。

三、C-σ_m 曲线的绘制

材料的 C-σ_m 曲线是根据实验室试验结果绘制的。由于试验方法不同，因此 C-σ_m 曲线有静态曲线与动态曲线的区别。

1. 静态的 $C\text{-}\sigma_m$ 曲线

根据缓冲材料静态压缩试验结果绘制的 $C\text{-}\sigma_m$ 曲线称为静态曲线。材料压缩试验是在电动或液压试验机上进行的。见图 4-4，试件为正六面体，面积不小于 10cm×10cm，厚度不小于 2.5cm。片状、丝状和颗粒状缓冲材料可以装入箱内进行试验。所谓静态，就是缓慢加载，通常采用的加载速度为 1.5cm/min。泡沫塑料初次受压时，卸载后产生很大的塑性变形。为了从试验结果中剔除这部分塑性变形，试验前要对试件作预压处理。所谓预压处理，就是对试件作若干次加载与卸载，每一次加载、卸载称为一个循环，材料的塑性变形随循环次数的增加而减少。静态压缩试验得到的是试件的压力-变形曲线，因为 $\sigma=\frac{P}{A}$，$\varepsilon=\frac{x}{h}$，所以试件的压力-变形曲线可以变换为材料的 $\sigma\text{-}\varepsilon$ 曲线。材料的比能等于 $\sigma\text{-}\varepsilon$ 曲线下的曲边三角形的面积，每一个曲边三角形对应着一个最大应力，因此可以计算与这个最大应力对应的缓冲系数。自原点起，由小到大依次作不同的曲边三角形，就可以求得缓冲系数与最大应力的函数关系，因而可以绘出材料的 $C\text{-}\sigma_m$ 曲线。

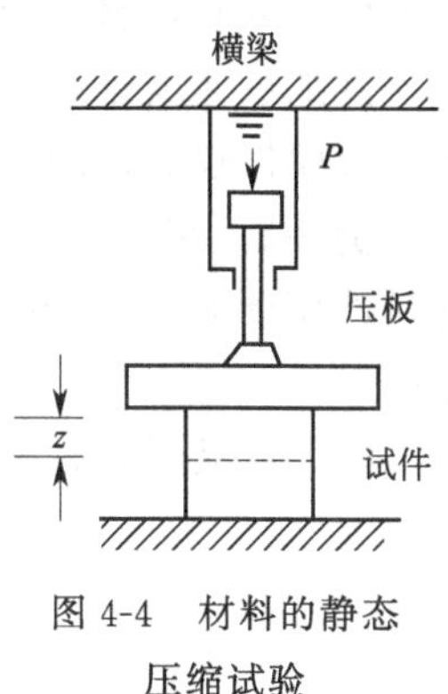

图 4-4 材料的静态压缩试验

例 4-1 密度为 0.012g/cm³ 的聚苯乙烯泡沫塑料的静态应力-应变曲线见图 4-5，试绘制这种材料的静态 $C\text{-}\sigma_m$ 曲线。

解 自原点起，由小到大作 10 个曲边三角形，见图 4-5。分别计算这些曲边三角形的面积，就求得它们对应的弹性比能。这些曲边三角形的顶点纵坐标就是它们的最大应力，再由式(4-8) 分别计算这些最大应力对应的缓冲系数，就得到缓冲系数与最大应力之间的函数关系，见表 4-2。根据表 4-2 绘制的静态曲线如图 4-6 所示。

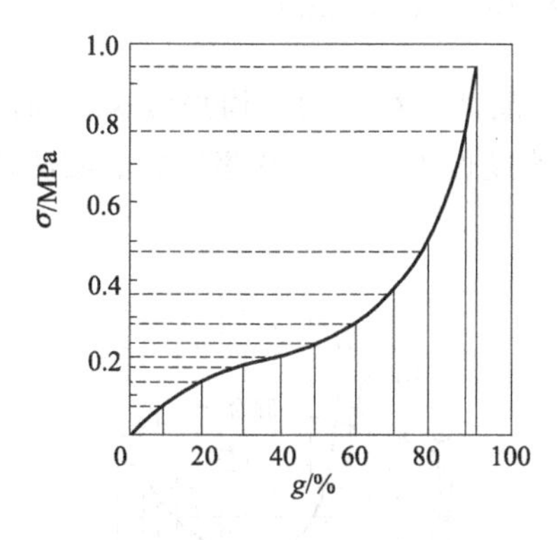

图 4-5 材料的应力-应变曲线

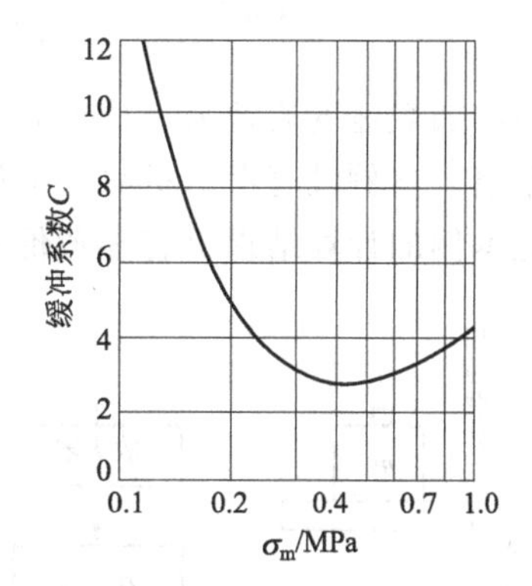

图 4-6 材料的缓冲系数-最大应力曲线

表 4-2 缓冲系数与最大应力函数关系

ε	σ_m/MPa	u/(J/cm³)	C	ε	σ_m/MPa	u/(J/cm³)	C
0.0	0	0	∞	0.6	0.28	0.0925	3.03
0.1	0.06	0.0030	20.00	0.7	0.36	0.1245	2.89
0.2	0.13	0.0125	10.40	0.8	0.48	0.1455	3.30
0.3	0.17	0.0275	6.18	0.9	0.80	0.2095	3.82
0.4	0.20	0.0430	4.65	0.93	0.95	0.2358	4.03
0.5	0.23	0.0675	3.41				

2. 动态的 C-σ_m 曲线

材料存在黏性内阻。加载速度愈大，材料的内阻也愈大，材料的变形则愈小，材料就变得愈硬。因此，材料的缓冲特性与加载速度有关。包装件落地后，产品对衬垫的冲击就是加载，其加载速度远远大于静态试验，因此用静态试验曲线作缓冲设计会产生很大的误差。因此，要模拟包装件的跌落冲击对缓冲材料进行动态试验。

例 4-2 包装件中产品质量 $m=10\text{kg}$，衬垫面积 $A=134\text{cm}^2$，衬垫厚度 $h=4\text{cm}$，材料的弹性模量 $E=700\text{kPa}$，包装件自高度 $H=60\text{cm}$ 处跌落，试求产品冲击衬垫时的平均加载速度。

解 产品衬垫系统的固有频率为

$$\omega=\sqrt{\frac{EA}{mh}}=\sqrt{\frac{700\times10^3\times134\times10^{-4}}{10\times4\times10^{-2}}}=153\ (\text{s}^{-1})$$

产品落地后的最大位移就是衬垫的最大变形。根据式(3-8)，衬垫最大变形为

$$x_m=\frac{\sqrt{2gH}}{\omega}=\frac{\sqrt{2\times980\times60}}{153}=2.24\ (\text{cm})$$

从产品落地到衬垫变形达到最大值的过程就是加载过程，它经历的时间 t_m 就是加载时间。因为冲击持续时间 $\tau=\frac{\pi}{\omega}$，故加载经历的时间

$$t_m=\frac{\tau}{2}=\frac{\pi}{2\omega}=\frac{\pi}{2\times153}=0.01\ (\text{s})$$

产品对衬垫的平均加载速度为

$$\dot{x}_m=\frac{x_m}{t_m}=\frac{2.24}{0.01}=224\ (\text{cm/s})=13340\ (\text{cm/min})$$

静态试验的加载速度通常为 $(12\pm3)\text{mm/min}$，所以产品冲击衬垫的平均加载速度为静态试验的万余倍。本例没有考虑材料的阻尼，求得的加载速度偏大，但与跌落试验的实测值同量级，因此本例的计算结果仍有参考价值。

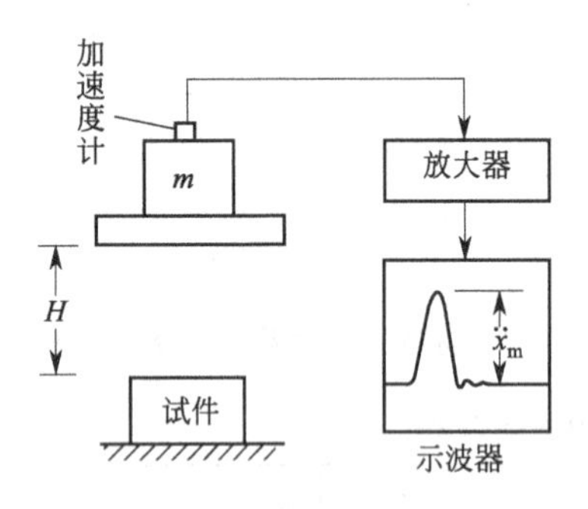

图 4-7 材料的冲击试验

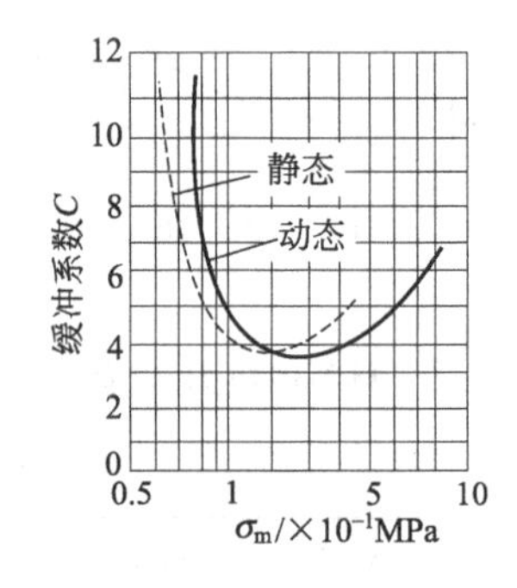

图 4-8 C-σ_m 动态曲线

动态试验是在落锤冲击机上进行的，见图 4-7。重锤自规定高度 H 跌落并冲击工作台上的试件，试件变形达到最大值 x_m 时的弹性比能为

$$u=\frac{WH}{Ah}$$

式中，A 为试件面积；h 为试件厚度；W 为重锤（包括压板）的重力。固定在重锤上的加速度计可以测出重锤冲击试件时的最大加速度 $\ddot{x}_m$，因此试件的最大应力为

$$\sigma_m=\frac{m\ddot{x}_m}{A}=\frac{G_mW}{A} \tag{4-10}$$

与 σ_m 对应的缓冲系数为

$$C=\frac{\sigma_m}{u}=\frac{G_mh}{H} \tag{4-11}$$

因此，一次试验可以测出 C-σ_m 曲线上的一个点。各次试验的跌落高度是相同的，但是各次试验的重锤重力是不同的，因此各次试验测得的点也是不同的。将这些点连成曲线，就是材料的动态 C-σ_m 曲线。

例 4-3　将密度为 0.035g/cm³ 的聚苯乙烯泡沫塑料制成 10cm×10cm×10cm 的试件，在落锤冲击机上进行冲击试验，各次试验的跌落高度均为 60cm，各次试验的重锤质量及测得的最大加速度列于表 4-3，试根据试验结果绘制这种材料的动态 C-σ_m 曲线。

解　计算 C-σ_m 曲线上各点坐标的公式为

$$\sigma_m=\frac{G_mW}{A}=\frac{G_mW}{1000}\ (\text{MPa})$$

$$C=\frac{G_mh}{H}=0.1667G_m$$

根据试验结果计算的 C-σ_m 曲线上的各点的坐标列于表 4-3，由此绘制的动态 C-σ_m 曲线如图 4-8 所示。图 4-8 上还绘出了这种材料的静态 C-σ_m 曲线。和静态试验比较，材料在进行动态试验时变硬了。

表 4-3　试验结果与计算结果表

试验结果		计算结果		试验结果		计算结果	
m/kg	$\ddot{x}_m$/(m/s²)	σ_m/MPa	C	m/kg	$\ddot{x}_m$/(m/s²)	σ_m/MPa	C
1.0	656.6	0.066	11.17	8.0	225.4	0.180	3.83
1.3	588.0	0.076	10.00	10.0	235.2	0.235	4.00
2.0	441.0	0.088	7.50	20.0	323.4	0.647	5.50
3.0	323.4	0.097	5.50	30.0	441.0	1.323	7.50
5.0	245.0	0.123	4.17				

图 4-9 在同一坐标系中绘出了一些常用缓冲材料的 C-σ_m 曲线，图中的数值是材料的密度，单位为 g/cm³。图 4-9 表明，C-σ_m 曲线为凹曲线，有最低点。不同力学性质的材料在图中有不同的位置，较硬的材料在图中偏右，较软的材料在图中偏左。缓冲性能较好的材料偏下，缓冲性能较差的材料偏上。

材料的缓冲效果与产品特性（质量、脆值、形状和尺寸）有关。就某个具体产品来说，有些缓冲材料软硬适中，恰到好处；还有一些不是太硬就是太软，不能采用。就某种材料来说，它的缓冲性能不适用于这种产品，却非常适用于那种产品。因此，不能离开产品特性抽象地评价缓冲材料的优劣。

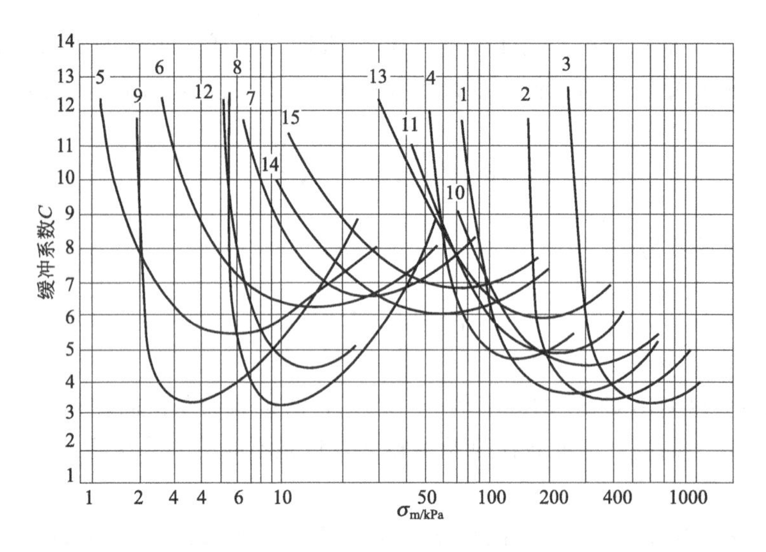

图 4-9 各种常用缓冲材料的 C-σ_m 曲线

1—泡沫聚苯乙烯 0.014；2—泡沫聚苯乙烯 0.020；3—泡沫聚苯乙烯 0.033；4—泡沫聚乙烯 0.035；
5—岩绵 100 0.050；6—岩绵 150 0.068；7—岩绵 200 0.088；8—泡沫聚氨酯 0.03；
9—泡沫聚氨醚 0.03；10—泡沫聚氯乙烯 0.31 ；11—泡沫聚氯乙烯 0.42；12—泡沫橡胶；
13—刨花 0.07；14—泡沫聚苯乙烯碎屑 0.08；15—塑料刨花 0.087；

第三节 产品跌落冲击时的最大加速度

对于现成的包装件，衬垫的材料和尺寸是已知的。按式(4-7) 和式(4-9) 计算包装件跌落时的产品最大加速度，先要确定缓冲系数和最大应力。材料的 C-σ_m 曲线上有无数个点，究竟取哪个点的 C 值和 σ_m 值是跌落强度校核涉及的主要问题。

设包装件自高度 H 处跌落，根据能量守恒定律，衬垫的比能应等于跌落开始时衬垫单位体积的重力势能，故

$$u=u_1=\frac{WH}{Ah}$$

在材料的 C-σ_m 曲线上取定 C 值和 σ_m 值后，衬垫的比能又可以表达为

$$u=\frac{\sigma_m}{C}$$

比较上列两式，得

$$C=\frac{Ah}{WH}\sigma_m \tag{4-12}$$

式(4-12) 是能量转化方程，其图形是条直线，是 C 值和 σ_m 值必须满足的条件。在计算产品最大加速度时，既要在 C-σ_m 曲线上取 C 值和 σ_m 值，又要满足式(4-12) 表达的直线，因此只能取两者交点的纵、横坐标（图 4-10）。采用常规坐标时，式(4-12) 是条直线。在图 4-10 上，应力轴采用对数坐标，所以式(4-12) 由直线变换成了曲线。

确定缓冲系数和最大应力后，包装件的跌落强度条件可以表达为

$$G_m=\frac{CH}{h}=\frac{A\sigma_m}{W}\leqslant G \tag{4-13}$$

式中，G 为产品的脆值。式(4-13) 就是对包装件进行跌落强度校核的依据。

例 4-4　一包装件中，产品质量 $m=8\text{kg}$，产品脆值 $G=45$，衬垫面积 $A=554\text{cm}^2$，衬垫厚度 $h=5.87\text{cm}$，衬垫材料为 $\rho=0.152\text{g/cm}^3$ 的泡沫聚氨酯，其 C-σ_m 曲线见图 4-10，该包装件自 $H=40\text{cm}$ 处跌落，试问内装产品落地后是否安全？

解　材料的 C 值与 σ_m 值必须满足下式：

$$C=\frac{Ah}{WH}\sigma_m=\frac{554\times5.87\times10^{-6}}{8\times9.8\times0.4}\sigma_m=104\sigma_m$$

式中 σ_m 的单位取 MPa。由于采用对数坐标，在图 4-10 上直线 $C=104\sigma_m$ 被变换成了曲线，此曲线与 C-σ_m 曲线的交点坐标：$C=4$，$\sigma_m=0.04\text{MPa}$，故产品最大加速度为

$$G_m=\frac{CH}{h}=\frac{4\times40}{5.87}=27.26$$

显然，$G_m<G$，产品落地后是安全的。

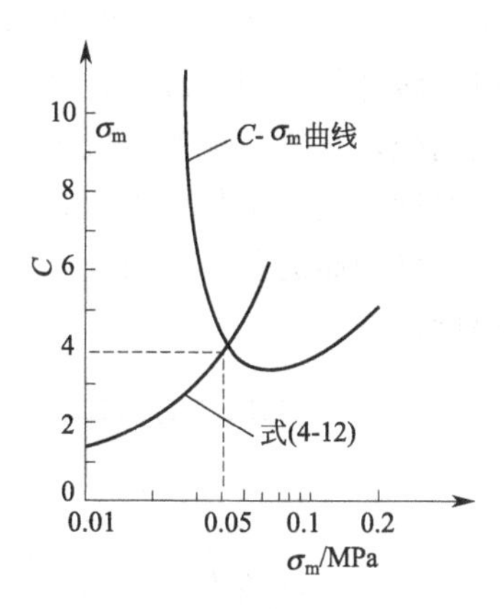

图 4-10　能量转化方程曲线

第四节　衬垫的面积与厚度公式

在设计缓冲包装时，要求衬垫计算既安全又经济。因此，令

$$G_m=G \tag{4-14}$$

将式(4-7) 代入式(4-14)，得

$$\frac{A\sigma_m}{W}=G$$

由此导得衬垫面积公式

$$A=\frac{GW}{\sigma_m} \tag{4-15}$$

将式(4-9) 代入式(4-14)，得

$$\frac{CH}{h}=G$$

由此导得衬垫厚度公式

$$h=\frac{CH}{G} \tag{4-16}$$

面积太小，厚度太大，衬垫在产品冲击力作用下会产生弯曲变形（图 4-11）。因此，要按下列经验公式校核衬垫的稳定性：

$$A_{min}>(1.33h)^2 \tag{4-17}$$

采用全面缓冲不必作这项校核。采用局部缓冲时，A 要分为几块，A_{min} 是各分块的最小面积。

式(4-15) 和式(4-16) 表明，计算衬垫面积和厚度，先要确定缓冲系数和最大应力。材料的 C-σ_m 曲线上有无数个点，究竟取哪个点的 C 值和 σ_m 值呢？前已说明，C 与 σ_m 的取值必须满足式(4-12)，即满足跌落冲击的能量转化方程。将式(4-12) 改写为直线的斜率

$$\frac{C}{\sigma_m}=\frac{Ah}{WH} \tag{4-18}$$

在计算衬垫面积与厚度时，WH 是已知量，因此这条直线的斜率与衬垫的体积 Ah 成正比。过原点可以作无数条直线与 C-σ_m 曲线相交，见图 4-12。在这些直线中，切线斜率最

小，因而衬垫体积 Ah 也最小，所以，在计算衬垫面积与厚度时，取切点 M 的 C 值与 σ_m 值，缓冲材料用量最少，最符合经济原则。但是，C-σ_m 曲线大都采用对数坐标，原点在无限远处，直线又被变换成了曲线，按式(4-18) 作 C-σ_m 曲线的切线并非易事。还要看到，衬垫厚度与缓冲系数成正比，衬垫厚度愈大，包装箱体积也愈大，不但会增加包装费用，而且还会增加储运费用。因此，一般还是取 C-σ_m 曲线最低点的 C 值与 σ_m 值计算衬垫的面积与厚度。

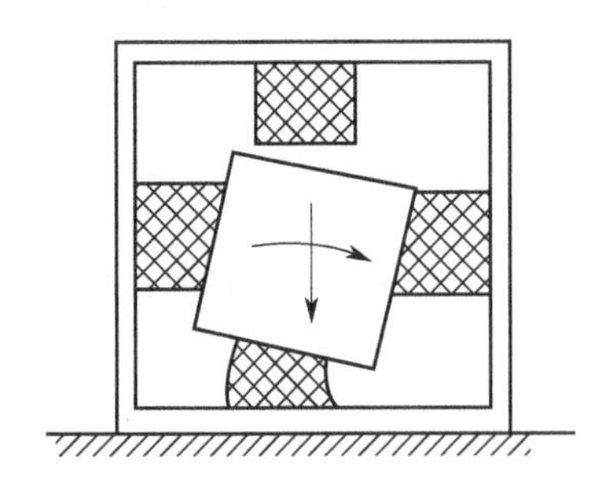

图 4-11 缓冲材料的弯曲

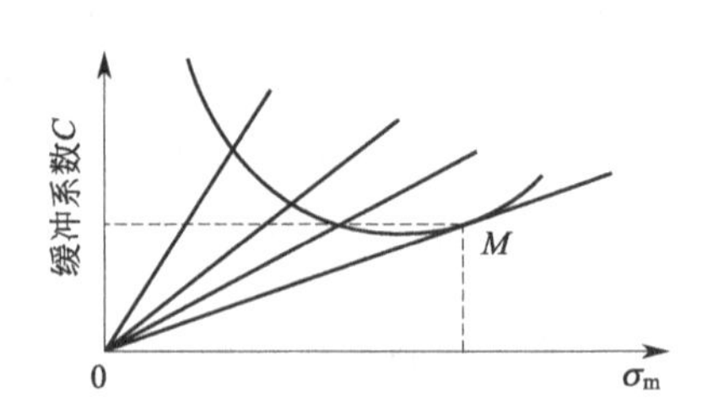

图 4-12 式(4-18) 的切线

例 4-5 产品质量 $m=10\text{kg}$，产品脆值 $G=60$，设计跌落高度 $H=80\text{cm}$，选用 $\rho=0.014\text{g/cm}^3$ 的泡沫聚苯乙烯（图 4-9）对产品作局部缓冲，试计算衬垫厚度与面积。

解 这种缓冲材料是图 4-9 中的曲线 1，其最低点的坐标：$C=3.7$，$\sigma_m=260\text{kPa}=26\text{N/cm}^2$。缓冲衬垫的厚度为

$$h=\frac{CH}{G}=\frac{3.7\times 80}{60}=4.93\ (\text{cm})$$

产品重力 $W=98\text{N}$，缓冲衬垫的面积为

$$A=\frac{GW}{\sigma_m}=\frac{60\times 98}{26}=226\ (\text{cm}^2)$$

对衬垫的稳定校核：

$$(1.33h)^2=(1.33\times 4.93)^2=43\ (\text{cm}^2)$$

A 被分为四块，$A_{\min}=\dfrac{A}{4}=56.5\ (\text{cm}^2)$。显然，$A_{\min}>(1.33h)^2$，所以上面计算的衬垫面积与厚度是可取的。

例 4-6 产品质量 $m=15\text{kg}$，产品脆值 $G=60$，底面面积为 $40\text{cm}\times 40\text{cm}$。设计跌落高度 $H=80\text{cm}$，采用全面缓冲，试按最低点原则选择缓冲材料，并计算衬垫厚度。如规定用 $\rho=0.035\text{g/cm}^3$ 的泡沫聚乙烯作缓冲材料，试计算衬垫厚度。

解 作全面缓冲时，衬垫面积等于产品面积，即 $A=1600\text{cm}^2$。衬垫最大应力为

$$\sigma_m=\frac{GW}{A}=\frac{60\times 15\times 9.8}{1600}=5.5\ (\text{N/cm}^2)=55\ (\text{kPa})$$

在图 4-9 的横轴上取 $\sigma_m=55\text{kPa}$ 的点，并向上作垂线，C-σ_m 曲线最低点在这条垂线上的材料为泡沫聚氯乙烯碎屑，其密度为 0.08g/cm^3，$C=6$，故衬垫厚度为

$$h=C\frac{H}{G}=6\times\frac{80}{60}=8\ (\text{cm})$$

如果规定用 $\rho=0.035\text{g/cm}^3$ 的泡沫聚乙烯作缓冲材料，则在图 4-9 的横轴上取 $\sigma_m=55\text{kPa}$ 的点，并向上作垂线与曲线 4 相交，该交点的纵坐标 $C=10$ 就是所要求的缓冲系数，

故衬垫厚度为

$$h=C\frac{H}{G}=10\times\frac{80}{60}=13.33\ (\text{cm})$$

例 4-7　产品质量 $m=7.5\text{kg}$，产品脆值 $G=20$，产品底面积 $A=35\text{cm}\times35\text{cm}$，设计跌落高度 $H=120\text{cm}$，试选择缓冲材料，并计算衬垫尺寸。

解　(1) 局部缓冲方案　选用 $\rho=0.014\text{g/cm}^3$ 的泡沫聚苯乙烯对产品作局部缓冲，其 C-σ_m 曲线（图 4-9）最低点的坐标：$C=3.7$，$\sigma_m=260\text{kPa}=26\text{N/cm}^2$，衬垫的厚度与面积分别为

$$h=C\frac{H}{G}=3.7\times\frac{120}{20}=22.2\ (\text{cm})$$

$$A=\frac{GW}{\sigma_m}=\frac{20\times73.5}{26}=56.5(\text{cm}^2)$$

对计算结果的稳定校核：

$$(1.33h)^2=(1.33\times22.2)^2=871.8\ (\text{cm}^2)$$

因为 $A_{min}<(1.33h)^2$，衬垫不稳定，所以局部缓冲方案不能成立。

(2) 全面缓冲方案　衬垫最大应力为

$$\sigma_m=\frac{GW}{A}=\frac{20\times73.5}{1225}=1.2\ (\text{N/cm}^2)=12\ (\text{kPa})$$

在图 4-9 中，选用曲线 8，$\rho=0.03\text{g/cm}^3$ 的泡沫聚氨酯对产品作全面缓冲。当 $\sigma_m=12\text{kPa}$ 时，$C=3.4$，故衬垫厚度为

$$h=C\frac{H}{G}=3.4\times\frac{120}{20}=20.4\ (\text{cm})$$

这个产品质量小、脆值小、跌落高度大，选用较软的泡沫聚氨酯作全面缓冲是合理的。

第五节　温度对材料缓冲特性的影响

缓冲材料大多是高聚合物材料。这类材料高温时变软，低温时变硬，在不同温度下有不同的 σ-ε 曲线和 C-σ_m 曲线（图 4-13）。气温随季节和各地的地理位置而变化。如果货物要销往高温和严寒地区，就要考虑温度变化的影响，使衬垫在不同气温下都能保证内装产品的安全。

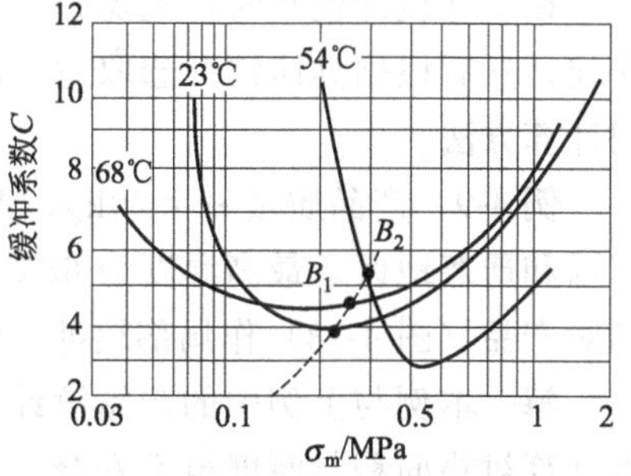

图 4-13　温度对材料缓冲特性的影响

包装件跌落时，衬垫单位体积吸收的重力势能为

$$u=\frac{WH}{Ah}$$

温度变化时，衬垫体积也有变化。但变化很小，可以忽略不计。如果不计衬垫体积的变化，则衬垫的比能与温度无关。无论温度怎样变化，在材料的 C-σ_m 曲线上总能找到一个点，其比能 $u=\frac{\sigma_m}{C}$，恰好等于衬垫的比能，即

$$u=\frac{\sigma_m}{C}=\frac{WH}{Ah}$$

这个点就是直线

$$C=\frac{Ah}{WH}\sigma_m$$

与 C-σ_m 曲线的交点。已知这个交点，就可以求得产品最大加速度，因而可以在给定温度下对包装件进行跌落强度校核。

例 4-8 产品质量 $m=20$kg，产品脆值 $G=60$，设计跌落高度 $H=90$cm，采用 0.035g/cm^3 的泡沫聚乙烯作局部缓冲。该产品销往高温和严寒地区，最高温度为 68℃，最低温度为 −54℃，试问能不能取常温曲线最低点计算缓冲衬垫？

解 材料在常温、高温和低温下的 C-σ_m 曲线见图 4-13。常温曲线最低点的坐标：$C=3.9$，$\sigma_m=0.22\text{MPa}=22\text{N/cm}^2$，衬垫的面积与厚度分别为

$$A=\frac{GW}{\sigma_m}=\frac{60\times196}{22}=535\ (\text{cm}^2)$$

$$h=C\frac{H}{G}=3.9\times\frac{90}{60}=5.85\ (\text{cm})$$

无论温度怎样变化，材料的 C 值和 σ_m 值必须满足下式：

$$C=\frac{Ah}{WH}\sigma_m=\frac{535\times5.85\times10^{-6}}{196\times0.9}\sigma_m=17.74\sigma_m$$

在图 4-13 上作直线 $C=17.74\sigma_m$（虚线）与常温曲线最低点相交，此直线与高温曲线交于点 B_1，与低温曲线交于点 B_2。

点 B_1 的坐标：$C=4.5$，$\sigma_m=0.25$MPa。因此，当包装件在高温下跌落时，产品最大加速度为

$$G_m=\frac{CH}{h}=\frac{4.5\times90}{5.85}=69>G$$

点 B_2 的坐标：$C=5.2$，$\sigma_m=0.29$MPa。因此，当包装件在低温下跌落时，产品最大加速度为

$$G_m=\frac{CH}{h}=\frac{5.2\times90}{5.85}=80>G$$

可见，按常温曲线最低点计算缓冲衬垫，包装件不论在高温下还是在低温下跌落都不安全。

在设计缓冲包装时，先要确定温度变化范围，绘出材料在常温、高温和低温下的 C-σ_m 曲线，然后根据具体情况选取适当的 C 值和 σ_m 值计算衬垫的面积与厚度。下面通过例题说明计算方法。

例 4-9 产品质量 $m=20$kg，产品脆值 $G=60$，设计跌落高度 $H=90$cm。该产品销往高温和严寒地区，最高温度为 68℃，最低温度为 −54℃，采用 $\rho=0.035\text{g/cm}^3$ 的泡沫聚乙烯对产品（图 4-13）作局部缓冲，试计算缓冲衬垫的厚度与面积。

解 本例与上例中的产品设计跌落高度和所用缓冲材料是相同的。上例按常温曲线最低点计算衬垫面积与厚度虽不安全，但所取的衬垫体积 $Ah=3130\text{cm}^3$ 却有参考价值。按照这个衬垫体积在 C-σ_m 坐标中所作的直线 $C=17.74\sigma_m$ 与三条曲线相交，最高点为 B_2，我们可以按点 B_2 重新计算衬垫面积与厚度。

(1) 低温时的情况 在点 B_2 处，$C=5.2$，$\sigma_m=0.29\text{MPa}=29\text{N/cm}^2$，令 G_m 恰好等于 $G=60$，衬垫面积与厚度为

$$A=\frac{GW}{\sigma_m}=\frac{60\times20\times9.8}{29}=406\ (\text{cm}^2)$$

$$h=\frac{CH}{G}=\frac{5.2\times 90}{60}=7.8\ (\mathrm{cm})$$

这样，衬垫体积未变，只是调整衬垫尺寸增加厚度，减小面积，Ah 仍约为 $3130\mathrm{cm}^3$。

（2）高温时的情况　直线 $C=17.74\sigma_m$ 与高温曲线交点 B_1 的 $C=4.5$，产品跌落时的最大加速度为

$$G_m=\frac{CH}{h}=\frac{4.5\times 90}{7.8}=52$$

$G_m<G$，所以包装件跌落时是安全的。

（3）常温时的情况　直线 $C=17.74\sigma_m$ 与常温曲线交于最低点，$C=3.9$，产品跌落时的最大加速度为

$$G_m=\frac{CH}{h}=\frac{3.9\times 90}{7.8}=45$$

$G_m<G$，所以包装件跌落时也是安全的。

第六节　最大加速度-静应力曲线

一、G_m-σ_{st}曲线的方程

包装件处于平衡时，衬垫在产品重力作用下的应力称为静应力，用 σ_{st}表示，即

$$\sigma_{st}=\frac{W}{A} \tag{4-19}$$

在内装产品冲击下，衬垫的最大应力为

$$\sigma_m=\frac{m\ddot{x}_m}{A}=G_m\sigma_{st}$$

将式(4-9) 代入上式，得

$$\sigma_{st}=\frac{\sigma_m h}{CH} \tag{4-20}$$

将式(4-9) 与式(4-20) 联立，得

$$\left.\begin{aligned} G_m&=\frac{CH}{h}\\ \sigma_{st}&=\frac{\sigma_m h}{CH}\end{aligned}\right\} \tag{4-21}$$

已知 σ_m，在材料的 C-σ_m 曲线上可以求得 C，因此，在 H 和 h 取定后，G_m 和 σ_{st}都只是 σ_m 的函数。可见，式(4-21) 是以 σ_m 为参数的参数方程，这个参数方程建立了 G_m 与 σ_{st}之间的函数关系。因此，方程(4-21) 的曲线称为最大加速度-静应力曲线，或者称为 G_m-σ_{st} 曲线。在绘制 G_m-σ_{st}曲线时，先要固定跌落高度，取不同的衬垫厚度建立参数方程，每取一个衬垫厚度，就有一个方程和一条对应的曲线。因此，在同一跌落高度下，G_m-σ_{st}曲线是一个曲线族，取多少个衬垫厚度，这个曲线族就有多少条曲线。取不同的跌落高度绘出的 G_m-σ_{st}曲线族是不同的。由式(4-21) 可看出，在 H 和 h 取定后，G_m 与 C 成正比，所以，G_m-σ_{st}曲线也是凹曲线，有最小值。在 H 固定以后，h 取值愈大，G_m 最小值愈小，与这个最小值对应的 σ_{st}值则愈大。

式(4-21) 表明，已知材料的 C-σ_m 曲线，就可以绘出 G_m-σ_{st}曲线，反之亦然。由此可

见，C-σ_m 曲线与 G_m-σ_{st} 曲线可以相互变换，G_m-σ_{st} 曲线不是材料缓冲特性的另一种独立的曲线。在作静态或动态试验时，只要试件厚度大于 2.5cm，一种材料只有一条 C-σ_m 曲线，G_m-σ_{st} 曲线则不然，一个跌落高度一张图，一张图上一个厚度有一条曲线，严格地说，要用无数条 G_m-σ_{st} 曲线才能完整地描述材料的缓冲特性。绘制这些曲线要做大量的试验，要消耗大量的人力物力，这种经济上的原因限制了 G_m-σ_{st} 曲线的应用范围。

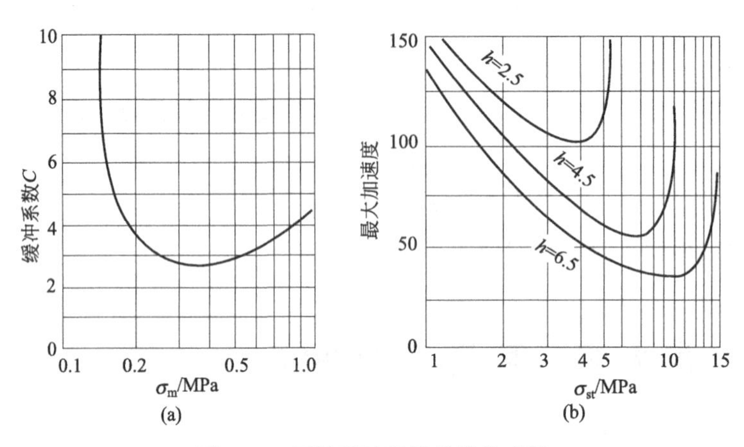

图 4-14 两种缓冲特性曲线的变换

例 4-10 密度 ρ=0.02g/cm³ 的泡沫聚乙烯的 C-σ_m 曲线见图 4-14(a)。取跌落高度 H=100cm，衬垫厚度分别取 2.5cm、4.5cm、6.5cm，试绘制这种材料的 G_m-σ_{st} 曲线。

解 h=2.5cm 的 G_m-σ_{st} 曲线的参数方程为

$$G_m=40C$$

$$\sigma_{st}=0.025\frac{\sigma_m}{C}$$

在 C-σ_m 曲线上取点，将这个点的纵、横坐标代入上式，就求得 G_m-σ_{st} 曲线上对应点的纵、横坐标，坐标计算见表 4-4，根据表 4-4 绘制的 h=2.5cm 的 G_m-σ_{st} 曲线见图 4-14(b)。

h=4.5cm 的 G_m-σ_{st} 曲线的参数方程为

$$G_m=22.22C$$

$$\sigma_{st}=0.045\frac{\sigma_m}{C}$$

坐标计算见表 4-4。根据表 4-4 绘制的 h=4.5cm 的 G_m-σ_{st} 曲线见图 4-14(b)。

表 4-4 G_m-σ_{st} 曲线参数

σ_m/MPa	C	h=2.5cm		h=4.5cm		h=6.5cm	
		G_m/kPa	σ_{st}/kPa	G_m	σ_{st}/kPa	G_m	σ_{st}/kPa
0.15	9.0	360	0.4	200	0.8	138	1.1
0.20	3.3	130	1.5	72	2.8	51	3.9
0.35	2.7	108	3.2	60	5.8	42	8.4
0.60	3.0	120	5.0	67	9.0	46	13.0
0.80	3.7	148	5.4	82	9.7	57	14.1
1.00	4.4	176	5.7	98	10.2	68	14.8

h=6.5cm 的 G_m-σ_{st} 曲线的参数方程为

$$G_m=15.38C$$

$$\sigma_{st}=0.065\frac{\sigma_m}{C}$$

坐标计算见表 4-4。根据表 4-4 绘制的 $h=6.5$cm 的 G_m-σ_{st}曲线如图 4-14(b) 所示。

二、G_m-σ_{st}曲线的测试

缓冲包装设计中使用的 G_m-σ_{st}曲线是通过材料的动态试验绘制的，在落锤冲击机（图 4-15）上，固定重锤的跌落高度，依次更换不同质量的重锤，对某一厚度的试件进行冲击试验。从安装在重锤上的加速度计可以测出它的最大加速度 $\ddot{x}_m$，根据公式 $\sigma_{st}=\frac{mg}{A}$可以计算试件的静应力，这样就可以在 G_m-σ_{st}坐标系中绘出一条与该厚度对应的曲线。对不同厚度的试件重复上述试验，就可以在同一坐标系中绘出不同厚度的 G_m-σ_{st}曲线。

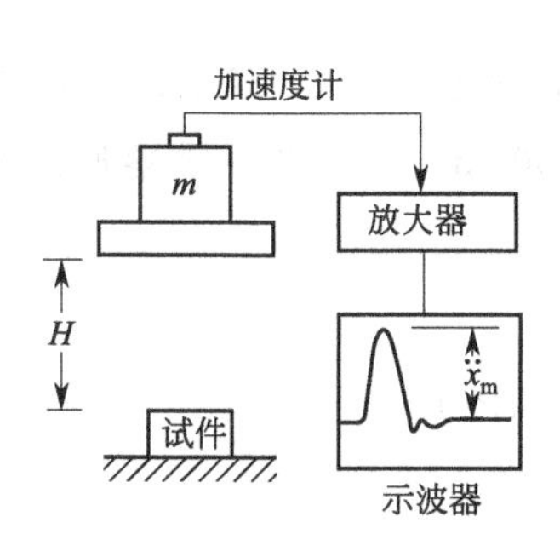

图 4-15 材料的落锤冲击试验

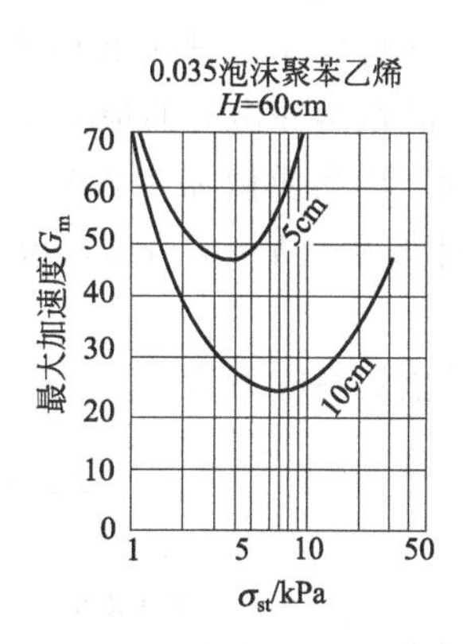

图 4-16 材料的 G_m-σ_{st}曲线

例 4-11 在落锤冲击机上对 $\rho=0.035\text{g/cm}^3$ 的聚苯乙烯泡沫塑料进行冲击试验，试件分为两组，一组厚度为 5cm，另一组厚度为 10cm，两组试件的面积均为 10cm×10cm，两组试验采用的跌落高度均为 60cm，试验时的重锤质量及测得的最大加速度如表 4-5 所示，试绘制这两种厚度的 G_m-σ_{st}曲线。

表 4-5 冲击实验数据

h/cm	测试数据		坐标计算	
	m/kg	$\ddot{x}_m$/(m/s^2)	σ_{st}/kPa	G_m
5	1.4	637	1.37	65
	2	549	1.96	56
	3	470	2.94	48
	4	461	3.92	47
	5	480	4.90	49
	7	529	6.86	54
10	1	657	0.98	67
	2	441	1.96	45
	3	323	2.94	33
	5	245	4.90	25
	8	225	7.84	23
	10	235	9.80	24
	20	323	19.60	33
	30	441	29.40	45

解 试件的面积 $A=100\text{cm}^2$，试件的静应力 $\sigma_{st}=\dfrac{mg}{A}$，重锤最大加速度 $G_m=\dfrac{\ddot{x}_m}{g}$，按照上述公式计算的坐标见表 4-5，根据表 4-5 绘制的 $h=5\text{cm}$ 和 $h=10\text{cm}$ 的 G_m-σ_{st}曲线如图 4-16 所示。

三、G_m-σ_{st}曲线的应用

和 C-σ_m 曲线一样，G_m-σ_{st}曲线也可以用来解决两类问题：①对于已经完成的包装件，用 G_m-σ_{st}曲线可以求解产品跌落冲击时的最大加速度。②在设计缓冲包装时，用 G_m-σ_{st}曲线可以计算衬垫的面积与厚度。

1. 求解产品跌落冲击时的最大加速度

对于已经完成的包装件，产品质量、跌落高度、缓冲材料以及衬垫面积与厚度都是已知的，如果有该材料在题设跌落高度下的 G_m-σ_{st}曲线，只要计算衬垫的静应力，就可以用图解法求得产品跌落冲击时的最大加速度。

例 4-12 产品质量 $m=20\text{kg}$，缓冲材料的 G_m-σ_{st}曲线如图 4-17 所示，衬垫面积 $A=654\text{cm}^2$，衬垫厚度 $h=4.5\text{cm}$，包装件的跌落高度 $H=60\text{cm}$，试求产品跌落冲击时的最大加速度。

解 衬垫的静应力为

$$\sigma_{st}=\frac{mg}{A}=\frac{20\times9.8}{654\times10^{-4}}=3\ (\text{kPa})$$

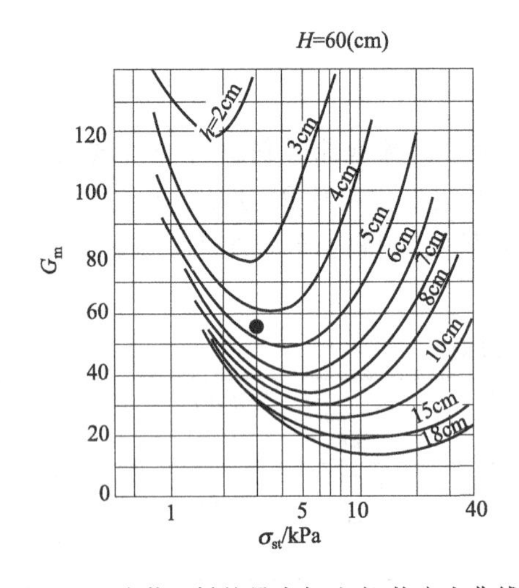

图 4-17 聚苯乙烯的最大加速度-静应力曲线

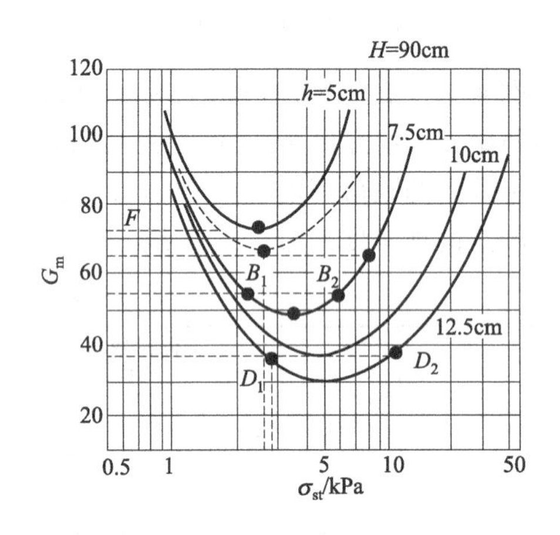

图 4-18 G_m-σ_{st}曲线的使用方法

图 4-17 的跌落高度 $H=60\text{cm}$，与题设相同。在图 4-17 的横轴上取 $\sigma_{st}=3\text{kPa}$ 的点，自这个点作垂线，在 $h=4\text{cm}$ 和 $h=5\text{cm}$ 的两条曲线的中间取一点，此点相当于衬垫厚度 $h=4.5\text{cm}$，此点的纵坐标就是产品跌落冲击时的最大加速度，故所求的 $G_m=55$。通过本例可以看出，用 G_m-σ_{st}曲线求解产品跌落冲击时的最大加速度，方法非常简单。G_m-σ_{st}曲线是实验曲线，所以，这种解法不但简单，而且求解结果更可靠。

2. 计算缓冲衬垫的面积与厚度

衬垫越薄，包装件的体积就越小，产品的包装与储运费用就越少，所以人们总希望衬垫厚度小一些。因此，在应用 G_m-σ_{st}曲线计算缓冲衬垫时，应使产品脆值恰好等于 G_m-σ_{st}曲

线最低点的最大加速度。据此确定衬垫厚度，并按照最低点的静应力计算衬垫面积，以图4-18为例，当产品脆值 $G=37$ 时，应取 $h=10\text{cm}$，因为它的 G_m-σ_{st} 曲线的最低点的 G_m 恰好等于37，如果不取这个最低点，而取点 D_1 或 D_2，都要增加衬垫厚度。当产品脆值 $G=55$ 时，图上没有一条曲线其最低点的 G_m 恰好等于55。在这种情况下，可取邻近曲线的厚度，即取 $h=7.5\text{cm}$，并按点 B_2 计算衬垫面积。因为点 B_2 静应力较大，可以减少衬垫面积。当产品脆值 $G=65$ 时，$h=7.5\text{cm}$ 的曲线最低点离 $G_m=65$ 太远，若取 $h=7.5\text{cm}$，则衬垫太厚，太不经济，在这种情况下应该注意，图4-18上所有曲线的最低点是与这种材料的 C-σ_m 曲线最低点对应的。根据式(4-22)，各曲线最低点 G_m 的与 h 的乘积为常量，即

$$(G_m h)_{\text{最低点}}=C_{\text{最低点}}H=\text{常量} \tag{4-22}$$

各曲线最低点的 G_m 与 σ_{st} 的乘积也是常量，即

$$(G_m\sigma_{st})_{\text{最低点}}=(\sigma_m)_{\text{最低点}}=\text{常量} \tag{4-23}$$

式中 C 最低点与 σ_m 最低点是该材料的 C-σ_m 曲线最低点的缓冲系数与最大应力。设想有一条未知曲线，如图4-18中的虚线，其最低点的 G_m 恰好等于65，根据式(4-22)和式(4-23)，就可以求得这条未知曲线的衬垫厚度和最低点的静应力。

例 4-13 产品质量 $m=10\text{kg}$，产品脆值 $G=72$，底面积为 35cm×35cm，包装件的跌落高度 $H=90\text{cm}$，选用的缓冲材料见图4-18，试问对这个产品是作全面缓冲好，还是作局部缓冲好？

解 对产品作全面缓冲时，衬垫静应力为

$$\sigma_{st}=\frac{mg}{A}=\frac{10\times9.8}{35\times35}=0.08\ (\text{N/cm}^2)=0.8\ (\text{kPa})$$

在图4-18上，作直线 $G_m=G=73$ 和直线 $\sigma_{st}=0.8\text{kPa}$，两直线的交点 F 在给定曲线之外，这说明，即使是取 $h=12.5\text{cm}$，也不能保证产品的安全。若坚持作全面缓冲，则厚度还要大大增加，经济上是不合理的。

采用局部缓冲时，应取 $h=5\text{cm}$，因为它的 G_m-σ_{st} 曲线的最低点的 $G_m=73$，恰好等于产品脆值，这个点的静应力 $\sigma_{st}=2.5\text{kPa}=0.25\text{N/cm}^2$，故衬垫面积为

$$A=\frac{mg}{\sigma_{st}}=\frac{10\times9.8}{0.25}=392\ (\text{cm}^2)$$

采用四个面积相等的角垫，则每个角垫的面积为

$$A_{\min}=\frac{A}{4}=\frac{392}{4}=98\ (\text{cm}^2)$$

衬垫的稳定校核：

$$A_{\min}>(1.33h)^2=44(\text{cm}^2)$$

上面的计算表明，局部缓冲不但可以大大减小衬垫厚度，而且可以大大减小衬垫面积，所以，就这个产品和这种材料来说，还是局部缓冲为好。

例 4-14 产品质量 $m=25\text{kg}$，产品脆值 $G=55$，包装件的跌落高度 $H=90\text{cm}$，采用图4-18所示材料作局部缓冲，试求衬垫的厚度与面积。

解 在计算缓冲衬垫时，要选最低点的 $G_m=G$ 的曲线。本题的 $G=55$，图4-18上没有这样的曲线，因此取邻近曲线。令 $G_m=55$，它是一条水平直线，与 $h=7.5\text{cm}$ 的曲线相交于 B_1、B_2 两点，点 B_1 静应力小，衬垫面积大；点 B_2 静应力大，衬垫面积小。为了节省材料，因此选点 B_2，衬垫厚度 $h=7.5\text{cm}$，静应力为

$$\sigma_{st}=6.2\text{kPa}=0.62\text{N/cm}^2$$

因此衬垫面积为

$$A=\frac{W}{\sigma_{st}}=\frac{25\times9.8}{0.62}=395\ (\mathrm{cm}^2)$$

采用四个面积相等的角垫，则每个角垫的面积为

$$A_{\min}=\frac{A}{4}=\frac{395}{4}=99\ (\mathrm{cm}^2)$$

衬垫的稳定校核：

$$A_{\min}=(1.33h)^2=99\ (\mathrm{cm}^2)$$

上面的计算表明，选点 B_2 计算衬垫面积是稳定的，因而选点 B_2 计算衬垫面积是合理的。

例 4-15 产品质量 $m=25\mathrm{kg}$，产品脆值 $G=65$，包装件的跌落高度 $H=90\mathrm{cm}$，采用图 4-18 所示材料作局部缓冲，试求衬垫的厚度与面积。

解 在图 4-18 上作水平直线 $G_m=65$，邻近曲线有两条，一条 $h=5\mathrm{cm}$，一条 $h=7.5\mathrm{cm}$，$h=5\mathrm{cm}$ 的曲线在 $G_m=65$ 之上，若取 $h=5\mathrm{cm}$，则必有 $G_m>G$，不安全。$h=7.5\mathrm{cm}$ 的曲线最低点离 $G_m=65$ 太远，若取 $h=7.5\mathrm{cm}$，则衬垫太厚，太不经济。因此设想有一条未知曲线，如图中虚线，其最低点的 G_m 恰好等于 65，然后按式(4-22) 和式(4-23) 计算所求的衬垫面积与厚度。

(1) 按 $h=5\mathrm{cm}$ 曲线最低点计算

根据式(4-22)，$h=5\mathrm{cm}$ 曲线最低点的 G_m 与 h 的乘积为常量，即

$$(G_m h)_{最低点}=73\times5=365\ (\mathrm{cm})$$

未知曲线最低点 $G_m=65$，h 待定，且

$$65h=(G_m h)_{最低点}=365\ (\mathrm{cm})$$

故所求衬垫厚度为

$$h=\frac{365}{65}=5.62\ (\mathrm{cm})$$

根据式(4-23)，$h=5\mathrm{cm}$ 曲线最低点的 G_m 与 σ_{st} 的乘积为常量，即

$$(G_m\sigma_{st})_{最低点}=73\times2.5=183\ (\mathrm{kPa})$$

未知曲线最低点 $G_m=65$，σ_{st} 待定，且

$$65\sigma_{st}=(G_m\sigma_{st})_{最低点}=183\ (\mathrm{kPa})$$

故待定的衬垫静应力为

$$\sigma_{st}=\frac{183}{65}=2.82\ (\mathrm{kPa})=0.282\ (\mathrm{N/cm^2})$$

所求衬垫面积为

$$A=\frac{W}{\sigma_{st}}=\frac{25\times9.8}{0.282}=869\ (\mathrm{cm}^2)$$

(2) 按 $h=7.5\mathrm{cm}$ 曲线最低点计算

根据式(4-22)，$h=7.5\mathrm{cm}$ 曲线最低点的 G_m 与 h 的乘积为常量，即

$$(G_m h)_{最低点}=49\times7.5=367.5\ (\mathrm{cm})$$

未知曲线最低点 $G_m=65$，h 待定，且

$$65h=(G_m h)_{最低点}=367.5\ (\mathrm{cm})$$

故所求衬垫厚度为

$$h=\frac{367.5}{65}=5.65\ (\mathrm{cm})$$

根据式（4-23），$h=7.5\text{cm}$ 曲线最低点的 G_m 与 σ_{st} 的乘积为常量，即

$$(G_m\sigma_{st})_{最低点}=49\times3.7=181\ (\text{kPa})$$

未知曲线最低点的 $G_m=65$，σ_{st} 待定，且

$$65\sigma_{st}=(G_m\sigma_{st})_{最低点}=181\ (\text{kPa})$$

故待定静应力为

$$\sigma_{st}=\frac{181}{65}=2.78(\text{kPa})=0.278\ (\text{N/cm}^2)$$

所求衬垫面积为

$$A=\frac{W}{\sigma_{st}}=\frac{25\times9.8}{0.278}=881\ (\text{cm}^2)$$

由此可见，按上下两条邻近曲线求得衬垫面积与厚度非常接近，说明这种计算方法是合理的。

习 题

1. 产品质量 $m=20\text{kg}$，跌落高度 $H=80\text{cm}$（见题 4-1 图），衬垫面积 $A=250\text{cm}^2$，衬垫厚度 $h=5\text{cm}$，试求跌落开始时衬垫单位体积所具有的重力势能。

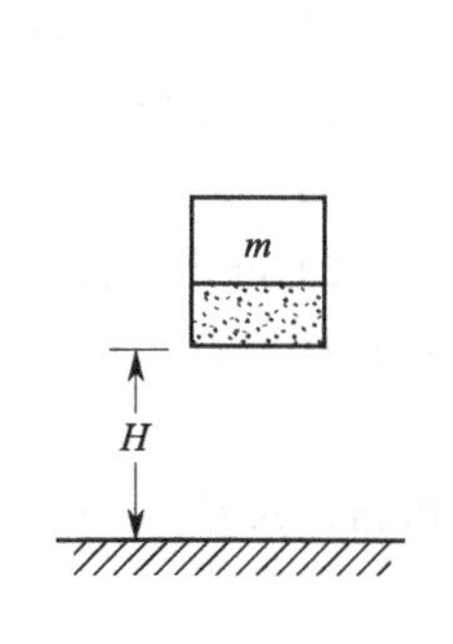

题 4-1 图

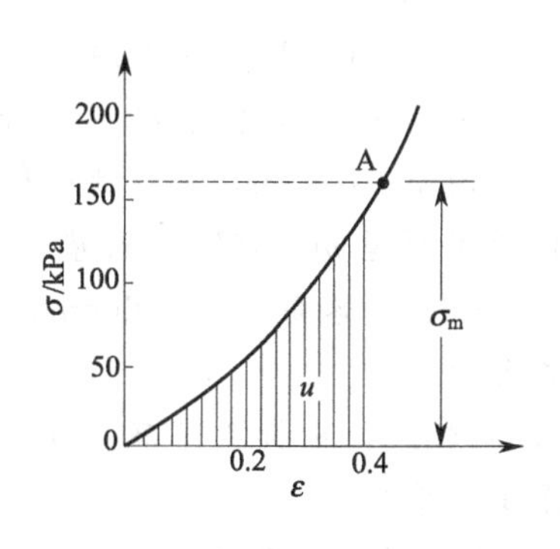

题 4-2 图

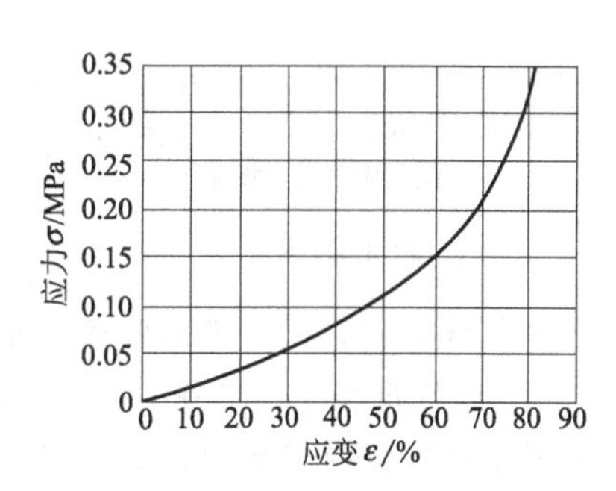

题 4-4 图

2. 在缓冲材料的应力-应变曲线上取一点 A（题 4-2 图），试计算这个点的缓冲系数。

3. 本书题 4-2 图中材料的应力-应变曲线为 $\sigma=160\tan1.85\varepsilon$（kPa），最大应力 σ_m 分别取 50kPa、100kPa、150kPa，分别计算它们对应的材料缓冲系数。

4. 缓冲材料的应力-应变曲线见题 4-4 图，试绘制这种材料的缓冲系数最大应力曲线。

5. 将缓冲材料制成 10cm×10cm×10cm 的试件，在落锤冲击机上进行冲击试验，各次试验的跌落高度均为 60cm，各次试验的重锤质量及测得的加速度见下表，试根据试验结果绘制这种材料的动态 C-σ_m 曲线。

试验结果		试验结果		试验结果		试验结果	
m/kg	$\ddot{x}_m/(\text{m/s}^2)$	m/kg	$\ddot{x}_m/(\text{m/s}^2)$	m/kg	$\ddot{x}_m/(\text{m/s}^2)$	m/kg	$\ddot{x}_m/(\text{m/s}^2)$
1.0	656.6	3.0	323.4	8.0	225.4	20.0	323.4
1.3	588.0	5.0	245.0	10.0	235.2	30.0	441.0
2.0	441.0						

6. 一包装件中，产品质量 $m=6\text{kg}$，衬垫面积 $A=600\text{cm}^2$，衬垫厚度 $h=6\text{cm}$，缓冲材

料的 C-σ_m 曲线见本书图 4-10。包装件自高度 $H=45cm$ 处跌落，试求产品跌落冲击的最大加速度。

7. 产品质量 $m=8kg$，产品脆值 $G=38$，底面积 22cm×22cm，跌落高度 $H=80cm$，选用本书图 4-10 所示材料作全面缓冲适合不适合？如果适合，试求衬垫厚度。

8. 产品质量 $m=15kg$，产品脆值 $G=60$，跌落高度 $H=60cm$，选用本书图 4-9 中的 0.020 泡沫聚苯乙烯作局部缓冲，试求衬垫的面积与厚度。

9. 产品质量 $m=30kg$，产品脆值 $G=60$，跌落高度 $H=60cm$，选用本书图 4-9 中的 0.033 泡沫聚苯乙烯作局部缓冲，试求衬垫的面积与厚度。如果仍选 0.020 聚苯乙烯，衬垫面积又有多大？

10. 产品质量 $m=8kg$，产品脆值 $G=25$，衬垫底面积 20cm×20cm，设计跌落高度 $H=100cm$，能不能选用本书图 4-9 中的 0.014 泡沫聚苯乙烯对这个产品作局部缓冲？如果不能，试在图中选一种材料对这个产品作全面缓冲。

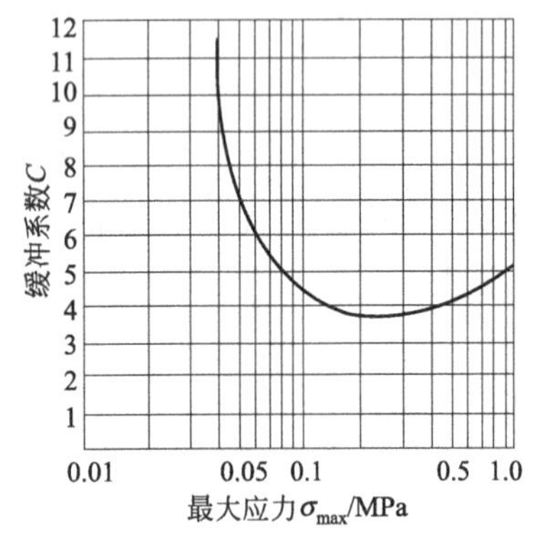

题 4-12 图

11. 产品质量 $m=15kg$，产品脆值 $G=50$，设计跌落高度 $H=80cm$，该产品销往高温和严寒地区，最低温度为−54℃，最高温度为 68℃，采用 $\rho=0.035g/cm^3$ 的泡沫聚苯乙烯（本书图 4-13）对本产品作局部缓冲，试计算衬垫的面积与厚度。

12. 密度 $\rho=0.012g/cm^3$ 的泡沫聚乙烯的 C-σ_m 曲线见题 4-12 图。取跌落高度 $H=80cm$，衬垫厚度分别取 3.5cm、5.5cm、7.5cm，试绘制这种材料的 G_m-σ_{st} 曲线。

13. 产品质量 $m=15kg$，衬垫面积 $A=294cm^2$，衬垫厚度 $h=4cm$，跌落高度 $H=60cm$，缓冲材料的 G_m-σ_{st} 曲线见本书图 4-17，试求产品跌落冲击的最大加速度。

14. 产品质量 $m=15kg$，产品脆值 $G=48.5$，设计跌落高度 $H=60cm$，采用本书图 4-17 所示材料作局部缓冲，试求衬垫的面积与厚度。

15. 产品质量 $m=20kg$，产品脆值 $G=72$，产品底面积为 28cm×28cm，设计跌落高度 $H=90cm$，采用本书图 4-18 所示材料作全面缓冲，试求衬垫的厚度。

16. 产品质量 $m=15kg$，产品脆值 $G=35$，设计跌落高度 $H=60cm$，采用本书图 4-17 所示材料作局部缓冲，试求衬垫的面积与厚度。

第五章
缓冲包装的设计方法

目前国外采用的缓冲包装的各种设计方法与美国 MTS 公司的五步设计法大体相同。五步设计法是以包装动力学为理论基础、以实验室试验为主要手段的一种实用型的设计方法，其程序是：①确定流通环境；②确定产品的易损性；③选用适当的缓冲垫；④创造原型包装；⑤试验原型包装。

在五步设计法的基础上，美国 Lansmont 公司在 20 世纪 80 年代又提出了六步设计法。即在五步设计法的第二步和第三步中间，加入一步“产品改进”。即对某些脆值偏低的产品提出改进意见，或者配合产品设计人员重新设计易损零件。尽管缓冲包装设计应该做这项工作，而且这项工作很重要，但不是所有产品，也不是大多数产品都要经历这项工作，何况重新设计的易损零件仍要测试产品脆值。因此，这个“改进产品设计”的工作不可能成为缓冲包装设计的一个独立的项目，只能说是产品脆值测试中的一个子项目。

没有包装动力学知识，很难理解缓冲包装的设计方法，这正说明包装动力学是缓冲包装的理论基础，有重要的实用价值。学习缓冲包装设计方法，可以加深我们对包装动力学的理解。

第一节 确定冲击与振动环境

在第一章中我们讲过，流通过程中导致产品损坏的各种外因称为流通环境。五步设计法的第一步就是确定流通环境。缓冲包装以缓冲减振为主要功能，所以这里讲的流通环境指的是冲击与振动环境，确定冲击环境就是确定包装件的设计跌落高度。至于振动环境，要区别两种情况：按简谐振动计算，振动环境指的是加速度-频率曲线；按随机振动计算，振动环境指的是功率谱密度曲线。

一、冲击环境

在包装件的冲击环境中，工人在装卸货物时由于不慎而造成的跌落对产品的激励最为强烈，是导致产品破损的主要原因。流通过程中还经常出现各种各样的垂直和水平冲击，如机动车和起重机的启动、停车和紧急刹车、铁路车辆的碰钩挂接、货物在机动车上的滑动、飞机的起飞和着陆等。这些垂直和水平冲击都可以按加速度的大小折算为等效跌落高度。因此，在设计缓冲包装时，用跌落高度定量地描述流通过程中冲击环境的严酷程度。所以，确定冲击环境，就是确定包装件的设计跌落高度。

货物（包装件）在装卸作业中的跌落高度是通过广泛调查和测试获得的。人们在对这种调查和测试资料进行分析时发现，包装件的跌落高度与它的质量和尺寸有关，如图 5-1 及表 5-1所示。

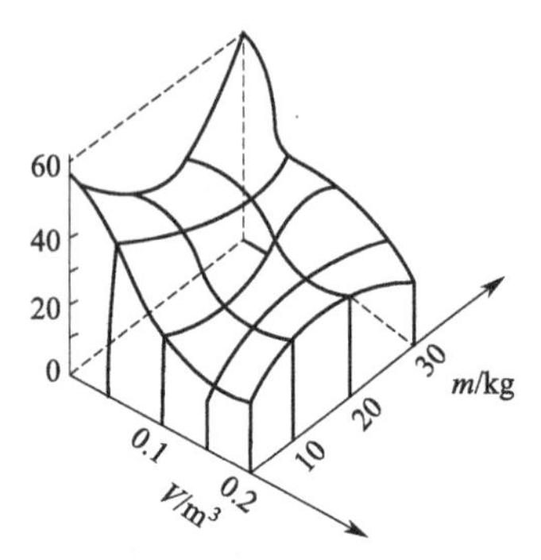

图 5-1 最大跌落高度 H 与货物体积 V 及质量 m 的关系

工人在装卸货物时，其操作方法是由两个因素决定的：一个因素是操作方便，能较好地适应人体的活动规律；另一个因素是提高工作效率，能用较少的时间完成较多的工作量。质量小、尺寸小的货物，工人不但能一手提起，而且能不费气力地将它抛起，比较而言，抛起比提起更快更省力。在这种情况下，如果造成货物跌落，其高度就会增加。随着货物质量的增加，一手提起既费力又不方便，工人就会改用双手抱起。在这种情况下，由于货物不会抛起，跌落高度随之减小。劳动科学研究表明，工人装卸作业时，货物尺寸以 80cm 为好，货物质量以工人体重（约 60kg）的三分之一为好。因为货物尺寸为 80cm 时，工人只要自然地张开双手，就能将它抱起，操作最简便，人体活动最自如。

表 5-1 跌落高度与货物质量及尺寸的关系

货物		装卸方式	跌落参数	
质量/kg	尺寸/cm		姿态	高度/cm
9	122	一人抛掷	一端面或一角	107
9～23	91	一人携运	一端面或一角	91
23～45	122	二人搬运	一端面或一角	61
45～68	152	二人搬运	一端面或一角	53
68～90	152	二人搬运	一端面或一角	46
90～272	183	机械搬运	底面	61
272～1360	不限	机械搬运	底面	46
＞1360	不限	机械搬运	底面	30

对于身体健康的工人来说，货物质量为体重的三分之一，劳动效率最高，而且不容易疲劳。货物质量再增加，双手不能抱起，就会改用肩扛。在这种情况下，如果不慎跌落，其高度又会大大增加。货物质量再增加，一人难以扛起，就会改由两人抬起。在这种情况下，由于货物离地较近，即使不慎跌落，其高度也会大大降低。货物质量再增加，人力难以搬运，就会改用机械装卸。采用机械装卸时，货物跌落的可能性大大减少，它所受的冲击是由于机械的启动、制动和快速着地造成的，这类冲击与货物的质量及尺寸没有明显的关系。

包装件的跌落高度是个随机变量，只有通过测试才能知道它的大小。研究跌落高度的方法是制作测试箱（图 5-2）。随同大批货物一起进行装卸和随车运输试验。

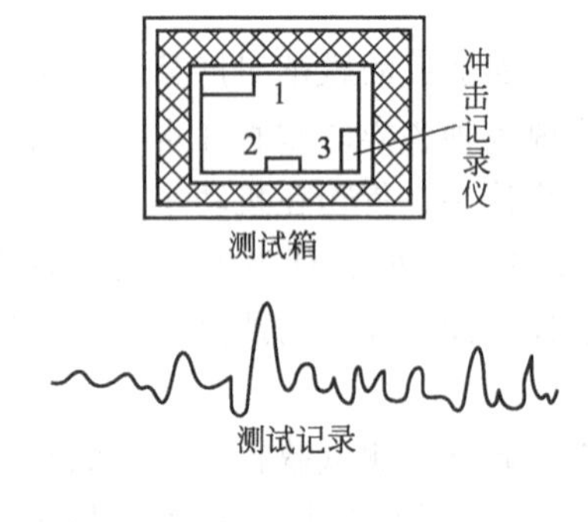

图 5-2 测试箱与测试记录曲线

图 5-3 三维冲击振动记录仪

由于计算机和存储技术的发展，现代冲击振动记录仪（图 5-3）体积很小。一个内置的三维加速度传感器就可以完成以前的三个传感器的工作，记录时间也很长。这样，不需要做专门的测试箱，只需将记录仪与产品一齐放在包装之内，就能完全真实地记录下产品及包装件在流通过程中受到的各种振动与冲击的大小方向、波形及经历时间。

用 G_m 表示测得的加速度峰值，用 ω 表示测试箱的固有频率，按照线性理论，G_m 与 H 的关系为

$$G_m=\omega\sqrt{\frac{2H}{g}}$$

由此可以求得与 G_m 对应的跌落高度

$$H=\frac{G_m^2 g}{2\omega^2}$$

求得各次冲击的跌落高度以后，就可以应用概率理论对包装件的跌落高度进行统计分析。跌落高度 H 是根据试验结果取值的随机变量。H 在（$H_i,H_i+\Delta H_i$）区间内取值的概率为

$$\Delta P_i=\frac{n_i}{N}$$

式中，N 是测得的总的冲击次数；n_i 是 H 值出现在（$H_i,H_i+\Delta H_i$）区间内的冲击次数。跌落高度 $H=H_i$ 时的平均概率密度为

$$p_i^*=\frac{\Delta P_i}{\Delta H_i}=\frac{n_i}{N\Delta H_i}$$

令 $\Delta H_i\to 0$，就得到 $H=H_i$ 的概率密度

$$p_i=\lim_{\Delta H_i\to 0}\frac{n_i}{N\Delta H_i}$$

据此可以绘出跌落高度的概率密度曲线，如图 5-4 所示。H 大于某个值 H_i 的概率可以表达为

$$P(H>H_i)=1-\int_0^{H_i}p(H)\mathrm{d}H$$

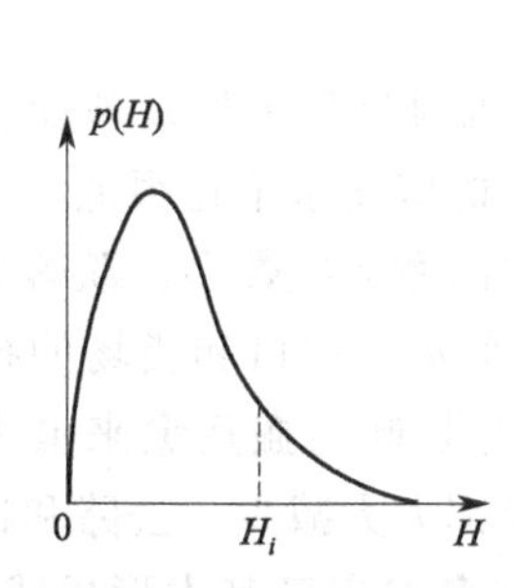

图 5-4　跌落高度的概率密度曲线

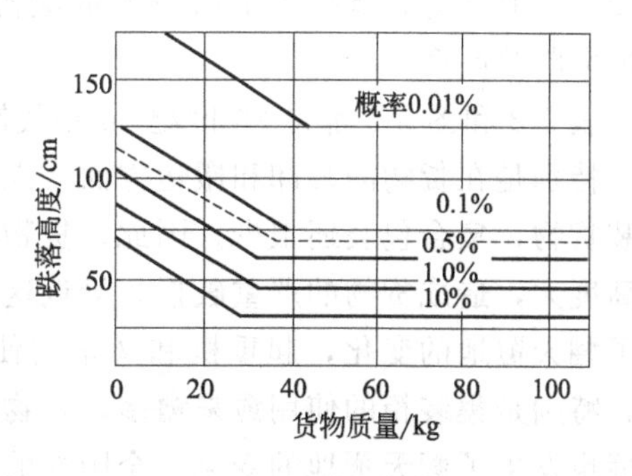

图 5-5　跌落高度的统计曲线

通过对装卸和运输途中的冲击环境进行大量试验，就可以绘制出以概率 $P(H>H_i)$ 为参变量的跌落高度与货物质量的相关曲线，称为跌落高度的统计特性曲线，如图 5-5 所示，图中曲线明显地分为两段，前段为斜直线，反映人力装卸；后段为水平线，反映机械装卸。采用人力装卸时，包装件的跌落高度随质量的增加而减小。采用机械装卸时，货物起吊和着

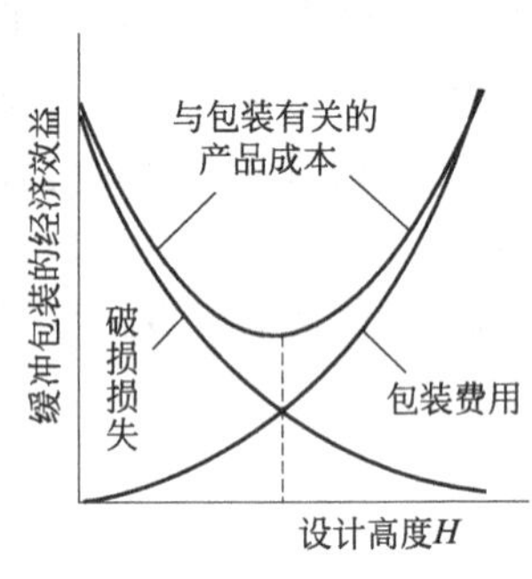

图 5-6 经济效益与设计高度的关系

地时的冲击主要取决于工人的操作和机械性能，与货物质量没有直接的关系。图中标注的概率是跌落高度超过图示值的概率。例如质量 $m=20$kg 的包装件，跌落高度超出 38cm 的概率为 10%，超出 60cm 的概率为 1.0%，超出 75cm 的概率为 0.5%。

设计缓冲包装就是设计缓冲衬垫。冲击环境远比振动环境强烈，所以设计缓冲包装先按冲击环境计算衬垫面积与厚度，而后按振动环境校核，因此确定设计跌落高度是关系到缓冲包装经济效益的至关重要的一步。缓冲包装的经济效益与设计跌落高度的关系，见图 5-6。高度取得太小，虽然能减少包装费用，但会增加破损造成的经济损失，总的来说，是增加产品的成本；高度取得太大，虽然能减少破损造成的经济损失，但又会增加包装费用，总的来说，还是增加产品的成本。由此可见，设计跌落高度取得太大或者太小都会增加产品的成本，降低企业的经济效益。

目前缓冲包装设计大都根据表 5-2 和图 5-5 确定设计跌落高度。

表 5-2 包装件跌落试验规定高度

运输方式	包装件质量/kg	跌落高度/mm
公路 铁路 空运	<10	800
	10～20	600
	20～30	500
	30～40	400
	40～50	300
	50～100	200
	>100	100

运输方式	包装件质量/kg	跌落高度/mm
水运	<15	1000
	15～30	800
	30～40	600
	40～45	500
	45～50	400
	>50	300

表 5-2 是我国国家标准规定的跌落试验的试验高度，通过这项试验就算合格，所以这项试验的试验高度也可以作为缓冲包装的设计跌落高度。

图 5-5 是美国 MTS 通过测试和调查研究获得的包装件跌落高度的统计特性，图中概率是跌落高度超过所在曲线的概率，图中虚线是概率为 0.26%的跌落高度与货物质量的相关曲线。一般认为，概率小于 0.26%的随机事件实际不可能出现，所以图中虚线是可能出现的最大跌落高度。

表 5-2 和图 5-5 都是 20 世纪 80 年代制定的。当时我国流通过程中的装备和技术还很落后，特别是在货物的装卸和搬运方面，人力劳动非常普遍，机械化水平还很低，而且大多是散装货物，集合包装还很少。因此，货物在流通过程中，装卸搬运次数多，跌落概率高，跌落高度大，造成货物的严重破损。最近这 20 多年，我国的车站、港口和货场的技术装备发生了翻天覆地的变化，起重机和叉车的使用已经普及，人力装卸与搬运愈来愈少，集合包装，特别是集装箱的使用愈来愈多，货物跌落的概率和高度都大大减少。公路和铁路的运输环境也发生了翻天覆地的变化，全国性的高速公路骨架在许多省市已基本形成或即将形成，通县和通乡公路也都已硬化。我国铁路干线也经历几次提级改造，不但车速提高，而且车辆运行也愈来愈平稳，车辆的加速度愈来愈小，无论是公路还是铁路，货物在运输过程中受到的振动与冲击都愈来愈轻微。在这样的情况下，仍按表 5-2 和图 5-5 确定设计跌落高度，包装费用过高，会造成一些浪费。这个问题已引起我国许多包装科技人员的关注，改革的呼声很高。怎样解决这个问题呢？包装标准不是一成不变的。随着科学技术的进步和经济的发

展，这些标准是要定期修改的，水平是会不断提高的。表 5-2 和图 5-5 中存在的问题只有在下次讨论和修改有关标准时才会得到根本的解决。

二、振动环境

1. 简谐振动

（1）汽车　影响汽车振动的主要因素有路况、车况、车速与载重。图 5-7 是汽车振动的加速度峰值-频率曲线。图中曲线表明，汽车振动的频率在 0～200Hz 的范围内，加速度峰值在 0.1*g*～3*g* 之间。图中概率描述加速度的分布规律，如频率为 5Hz 时，加速度在 0.1*g* 以内的概率为 90%，超出 0.3*g* 的概率只有 0.5%，可能出现的最大值为 1*g*；再如频率为 50Hz 时，加速度在 0.2*g* 以内的概率为 90%，超出 0.5*g* 的概率只有 0.5%，可能出现的最大值为 3*g*。图 5-7 是国外绘制的，反映的是发达国家的情况。图 5-7 说明，发达国家公路运输的路况和车况普遍良好，因此汽车振动比较轻微，加速度很小。加速度在 0.5*g*～3*g* 之间的强烈振动说明公路运输的路况恶劣，车况很差。这类情况出现的概率为 0.5%，说明这类情况有可能出现，但在总量中所占比例很小。

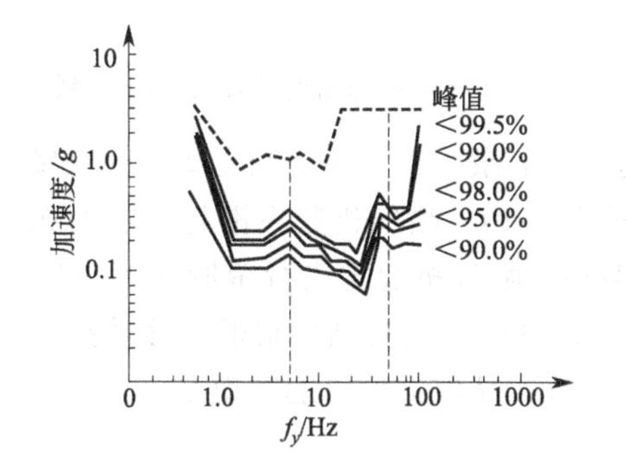

图 5-7　汽车振动的加速度峰值-频率曲线

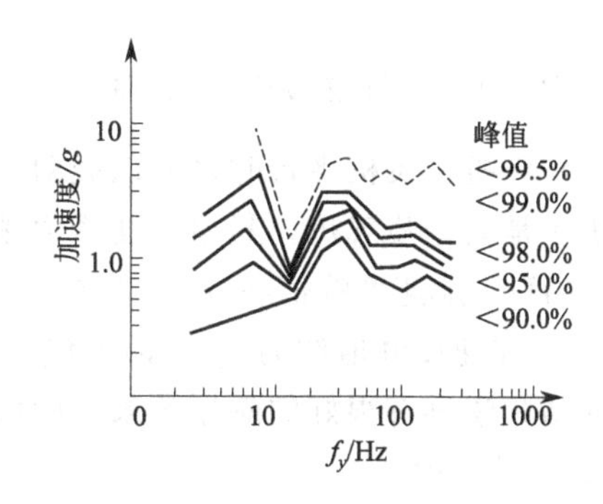

图 5-8　火车的加速度峰值-频率曲线

表 5-3　铁路、公路运输时所产生的振动

运输种类	运行情况		最大加速度/*g*		
			上下	左右	前后
铁路货车	运行时的振动(30～60km/h)		0.2～0.6	0.1～0.2	0.1～0.2
	减速时的振动		0.6～1.7	0.2～1.2	0.2～0.5
汽车	一般公路 20～40km/h	良好路面	0.4～0.7	0.1～0.2	0.1～0.2
		不良路面	1.3～2.4	0.4～1.0	0.5～1.5
	铺装公路 50～100km/h	满载	0.6～1.0	0.2～0.5	0.1～0.4
		空载	1.0～1.6	0.6～1.4	0.2～0.9

（2）火车　铁路货运车辆也是个振动系统，垂直方向的固有频率约为 4～6Hz。火车行驶时之所以振动，主要的外因是钢轨接头处对车辆的周期性脉冲激励，脉冲的频率是由车速和钢轨长度决定的。铁路货车行驶时的振动情况见表 5-3，其加速度峰值-频率曲线如图 5-8 所示。图 5-8 表明，铁路货车行驶时振动的频率在 0～300Hz 的范围内，加速度峰值不超过 1*g*，峰值小于 0.5*g* 的概率为 90%，峰值在 0.5*g*～1*g* 之间的概率只有 10%。比较图 5-7 和图 5-8，结论是铁路货车的振动远不及汽车强烈，不足以威胁产品在流通过

程中的安全。

(3) 船舶 船舶是个弹性结构，自身就是个振动系统。海水的浮力与弹簧类似，所以船在海上航行时与海水也构成复杂的振动系境。船舶产生振动的原因，一是波浪对船舶的周期性冲击，二是舱内柴油机、螺旋桨及其传动系统运转时产生的周期性激振力。按简谐振动理论分析，船在海上航行时的加速度峰值-频率曲线见图 5-9，在平静的海面上稳定航行时，船的振动比较轻微，其加速度峰值及其频率分布与火车相当。船在海上遇到风暴时会产生强烈的振动，其加速度峰值及频率分布与在恶劣路面上行驶的汽车相当。

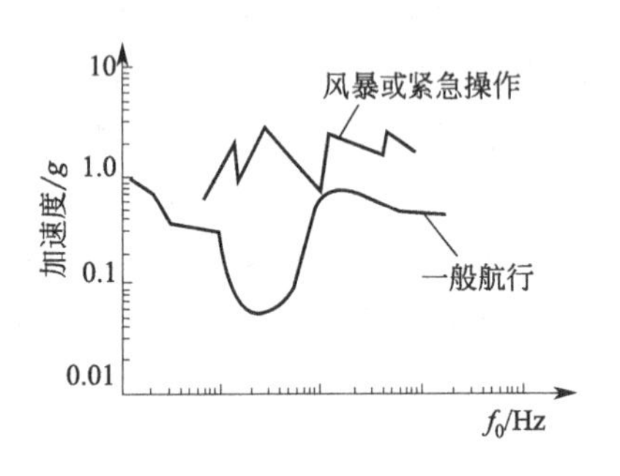

图 5-9 海运加速度峰值-频率曲线

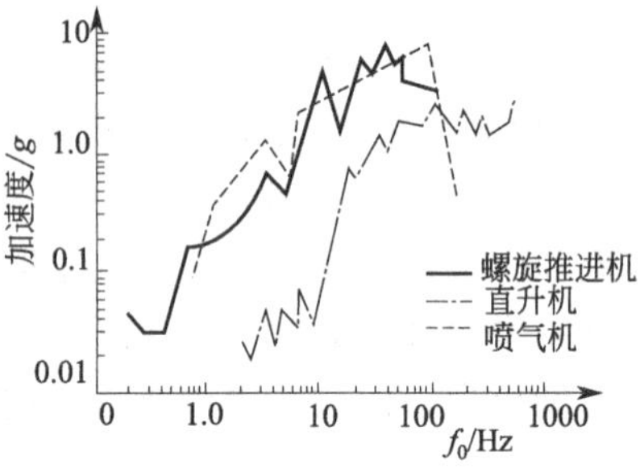

图 5-10 空运的加速度峰值-频率曲线

(4) 飞机 飞机飞行时之所以振动，一是受到气流的激励，二是受到发动机的激励。货运飞机多是大型喷气机，其加速度峰值-频率曲线见图 5-10。喷气机起飞滑行阶段的频率为 15～100Hz，加速度峰值在 $0.5g$ 以内，属于轻微振动。喷气机稳定飞行阶段的频率为 10～1000Hz，加速度峰值约为 $1g$。因为包装件中产品衬垫系统的固有频率很低，缓冲衬垫对喷气机的高频激励有很好的隔振效果。所以航空货运导致产品破损的可能性很小。

2. 随机振动

(1) 汽车 汽车垂直振动的加速度均方值谱密度曲线如图 5-11 所示，其频率分布在 0～50Hz 的范围内，在 $f=6$Hz 和 $f=12$Hz 处各有一个较大的峰值，这是因为汽车在这两处各有一次共振。$f=6$Hz 时，谱密度 $W_y(f)=0.2g^2/\text{Hz}$；$f=12$Hz 时，谱密度 $W_y(f)=0.17g^2/\text{Hz}$。按照图 5-11 计算，汽车振动的均方值为 $2.08g^2$，均方根为 $1.44g$，最大加速度为 $4.32g$。我国交通部公路研究所的测试结果与图 5-11 类似，数值也相当接近。

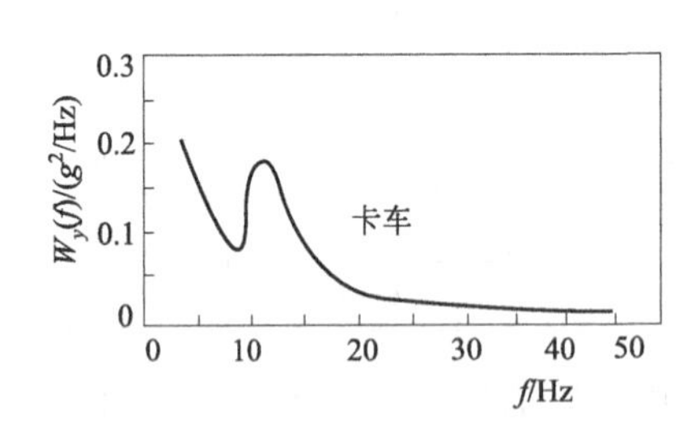

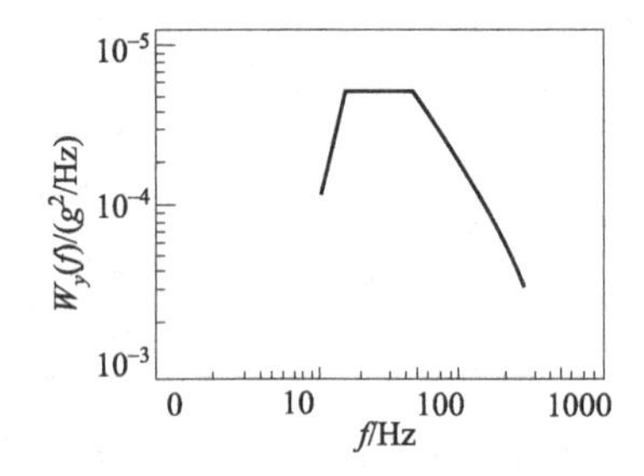

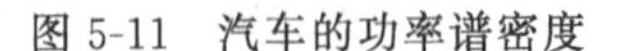

图 5-11 汽车的功率谱密度

图 5-12 铁路货车的功率谱密度

(2) 火车 铁路货车垂直振动的加速度均方值谱密度曲线见图 5-12，其频率分布在 10～300Hz 的范围内，但谱密度很小，最大值为 $0.0008g^2/\text{Hz}$。按照图 5-12 计算，铁路货车振动的均方值为 $0.14g^2$，均方根为 $0.37g$，最大加速度为 $1.12g$。

第二节 确定产品的易损性

缓冲包装设计法的第二步是确定产品的易损性，所谓易损性，指的是产品在冲击与振动环境下抵抗破损的能力。确定产品易损性的方法不是理论计算而是实验室试验。确定产品在冲击环境下的易损性就是测试矩形脉冲的产品破损边界曲线，确定产品脆值与临界速度改变量；产品在振动环境下的易损性，不但与易损零件的极限加速度有关，而且还与易损零件的振动特性有关；所以在确定产品的易损性时还要测试易损零件的幅频曲线。

一、产品的冲击试验

产品破损是从易损零件开始的，零件破损与产品破损是等价的。一般来说，易损零件的质量和尺寸都很小，而且大都封闭在产品内部，直接测量它的加速度难度很大，所以用产品加速度描述易损零件在脉冲激励下的破损条件，其图形就是产品破损边界曲线。在各种波形的脉冲激励中矩形最强烈，其破损边界曲线图形最简单，所以缓冲包装理论用矩形脉冲的破损边界曲线评价产品在冲击环境下抵抗破损的能力。矩形脉冲的产品破损边界曲线是由两条直线构成的，垂直线（临界速度线）的横坐标 Δv_c 称为临界速度，水平线（临界加速度线）的纵坐标 G 称为产品脆值，它是产品在冲击环境下的许用加速度，用 f_{sn} 表示易损零件的固有频率，用 a_{jx} 表示易损零件的极限加速度

$$\Delta v_c = \frac{a_{jx}}{2\pi f_{sn}}, \quad G = \frac{a_{jx}}{2g}$$

所以测试矩形脉冲的产品破损边界曲线不但可以确定产品脆值，而且可以了解易损零件的强度与振动特性，其重要意义是不言而喻的。

1. 产品脆值测试

（1）使用气垫式冲击试验机　图 5-13 是美国 MTS 公司测试矩形脉冲破损边界曲线的气垫式冲击试验机。待试产品被固定在冲击砧台面上，试样上安装有加速度计，试验前将试验波形与峰值输入脉冲程序装置，并通过试验机的液压提升系统将冲击砧提升至试验高度后自动释放，使它自由跌落在两个气缸内的活塞上，试验过程中程序控制装置不断比较输入信号与台面加速度计的反馈信号，并控制气缸中的压力，使台面反馈信号最大限度地与输入信号相吻合。试验机装备有回弹制动装置，冲击过程结束后冲击砧回弹至一定高度时制动装置能使它停止，所以一次试验只产生一次冲击。试验过程中记录的产品加速度-时间曲线见图 5-14(a)，这个图形的面积就是产品的速度改变量 Δv。虽然这种试验机在跌落和回弹时都会受到一些阻力，但在分析其工作原理时仍可近似地取

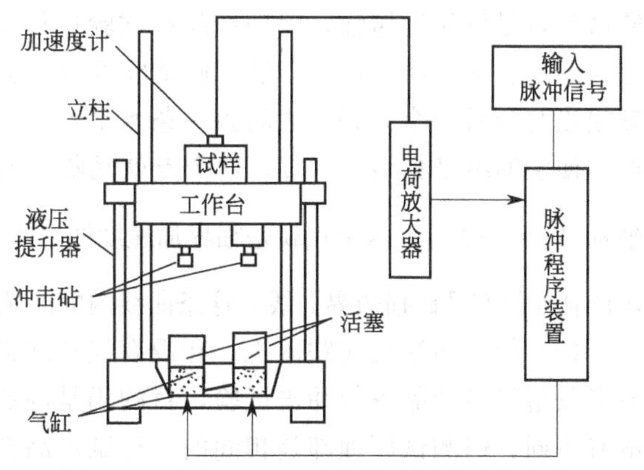

图 5-13　气垫式冲击试验机脆值测试示意图

$$\Delta v = 2\sqrt{2gH}$$

即产品的速度改变量是由冲击砧的跌落高度决定的，跌落高度愈大，产品的速度改变量也愈

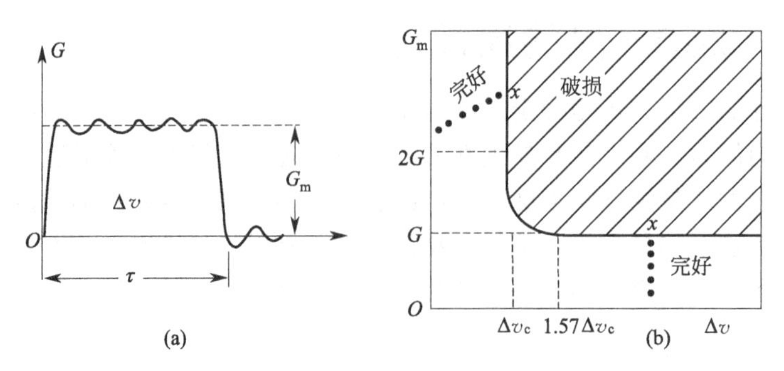

图 5-14 气垫式冲击试验机脆值测试原理曲线

大。至于脉冲持续时间，则可以近似地认为

$$\tau=\frac{\Delta v}{G_m g}$$

即脉冲持续时间由 Δv 和 G_m 两个因素决定。

在试验机上对产品的每一次试验都有一个速度改变量 Δv 和一个脉冲峰值 G_m，所以每一次试验在图 5-14(b) 所示的 G_m-Δv 坐标系上对应着一个点，如果这个点落在破损区外，产品就仍然处于完好状态；如果这个点落在破损边界上或者破损区内，产品就会在试验过程中破损。试验分为两步，第一步是测试产品的临界速度线（垂直线），第二步是测试产品的临界加速度线（水平线）。在测试临界速度线时，第一次试验要尽量调低冲击砧的跌落高度，并尽量调高气缸中的压力，使试验点既靠近纵轴又落在与临界速度线对应的区间内，并保证产品在试验过程中绝对安全，然后一次又一次增加跌落高度，即一次又一次增加 Δv，使试验点愈来愈逼近临界速度线，直至产品破损为止。在破损点与最后一个完好点之间画一条垂直线，它的横坐标就是产品的临界速度改变量 Δv_c。在测试临界加速度线时，各次测试所取的跌落高度是相同的，即各次试验取相同的 Δv 值。第一次试验要尽量调低气缸中的压力，使试验点尽量靠近横轴，保证产品在试验过程中绝对安全，然后一次又一次增加气缸中的压力，即一次又一次增加 G_m 值，使试验点愈来愈逼近临界加速度线，直至产品破损为止。在破损点与最后一个完好点之间画一条水平线，它的纵坐标就是产品脆值 G。在垂直线上取一点，使它的纵坐标 $G_m=2G$，这个点就是临界速度线的起点。在水平线上取一点，使它的横坐标 $\Delta v=\frac{\pi}{2}\Delta v_c$，这个点就是临界加速度线的起点。在两个起点之间连一条光滑曲线，就得到矩形脉冲的产品破损边界曲线，这条曲线内的区域就是产品在矩形脉冲激励下的破损区。

(2) 使用碰撞机或跌落机 在没有气垫式冲击机的情况下，也可以用碰撞机（图 5-15）或者跌落机对产品进行冲击试验，目的仍是确定产品脆值。这两种试验机的结构与试验方法虽有不同，但测试原理却是相同的。待试产品被固定在台面上，台面下和基座上配置有一对冲击砧。中间夹有弹簧。试验时提升机将台面提至规定高度后释放，使上冲击砧跌落在下冲击砧上，并通过弹簧对产品产生脉冲激励，脉冲波形为正弦半波。在跌落高度不变的条件下，弹簧愈硬，脉冲激励愈强烈。碰撞试验机的测试原理如图 5-17 所示，各次试验的跌落高度都一样，即各次试验取相同的速度改变量 Δv，但各次试验所用的弹簧不一样，每做一次试验更换一次弹簧。第一次试验所用弹簧最软，G_m 值靠近横轴，保证产品在试验过程中绝对安全，而后所用的弹簧一次比一次硬，G_m 值也一次比一次大，直至产品破损为止。产品破损边界在破损点与最后一个完好点之间，与试验对应的产品极限加速度为 G_{jx}。因为

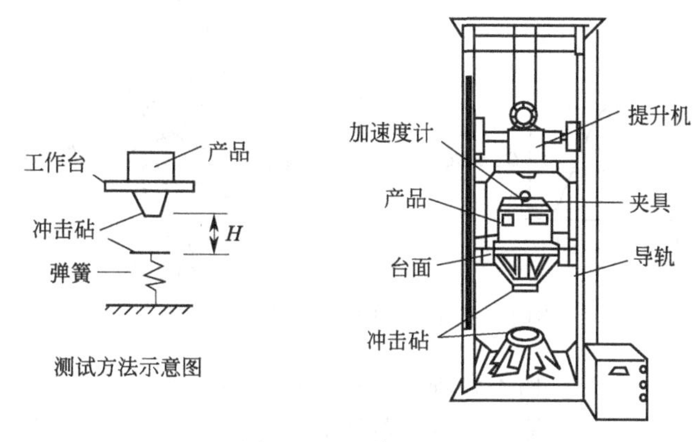

图 5-15 碰撞试验机

正弦半波的破损边界在矩形脉冲的临界加速度线以内，所以必有

$$\frac{G}{G_{jx}}=K<1$$

K 称为安全系数，通常取 $K=0.7\sim0.8$。在取定安全系数以后，就可以根据实测的极限加速度 G_{jx} 近似地求得产品脆值 G，即

$$G=(0.7\sim0.8)G_{jx}$$

在跌落高度很小的条件下，碰撞试验机不可能对产品产生很大的脉冲峰值，因而不可能测试产品的临界速度线。

跌落机测试如图 5-16 所示。待试产品装在测试箱内，试验机的升降器将测试箱提至规定高度后释放，使测试箱自由跌落在坚硬平整的冲击面上，冲击面通过箱内缓冲衬垫对产品产生脉冲激励，波形接近正弦半波，速度改变量由跌落高度决定，脉冲峰值由箱内缓冲衬垫决定，在缓冲材料与衬垫面积不变的条件下，衬垫越薄，脉冲峰值越大。各次试验的跌落高度相同，即 Δv 值相同，但各次试验的衬垫厚度不同，第一次试验衬垫最厚，G_m 值最小，而后一次又一次减小衬垫厚度，增加 G_m 值，直到产品破损为止。正弦半波脉冲的产品破损边界曲线在破损点与最后一个完好点之间，实测的极限加速度为 G_{jx}，产品脆值 G 是矩形脉冲的临界加速度线的纵坐标，所以 $G<G_{jx}$。取安全系数 $K=0.7\sim0.8$，由此求得产品脆值。

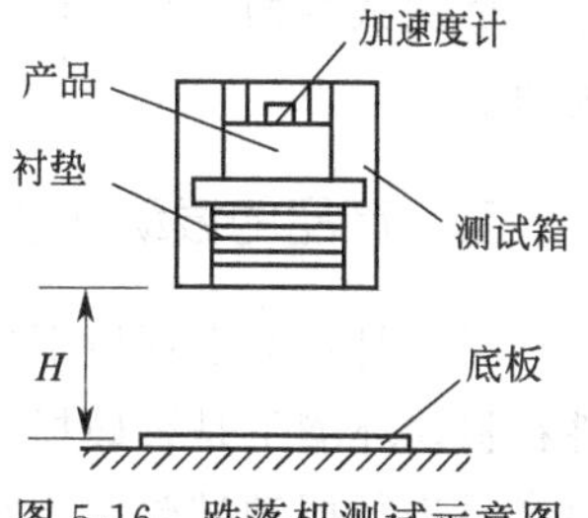

图 5-16 跌落机测试示意图

$$G=(0.7\sim0.8)G_{jx}$$

在跌落高度很小的情况下，跌落试验不可能对产品产生峰值很大的脉冲激励，因而不可能测试产品的临界速度线。碰撞机和跌落机测试原理见图 5-17。

测试产品脆值就意味着被试产品的破损，所以要付出一定的代价，国内企业很少做这项试验。美、英、日等发达国家在这方面做过许多工作，他们通过冲击试验和对产品在流通过程中实际破损情况的调查研究，并考虑产品价值，颁布了一些产品的脆值标准，可供参考(表 3-6～表 3-10)。

产品脆值与冲击方向的关系见图 5-18。从不同方向冲击同一产品，有不同的脆值。

2. 分析产品脆值和重新设计易损零件

在对产品进行冲击试验时，如发现产品脆值偏低，造成包装费用过高；或者发现产品结

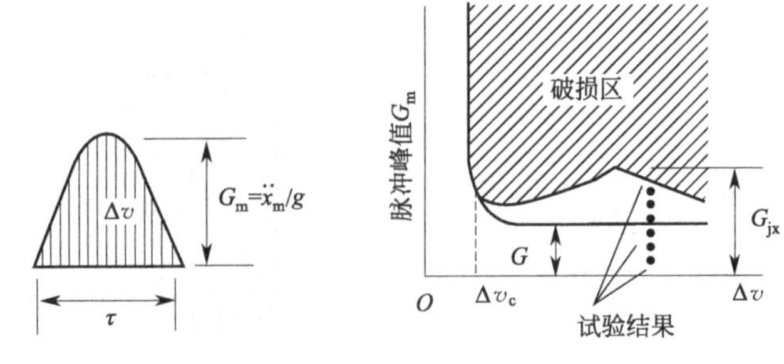

图 5-17 碰撞机及跌落机测试原理

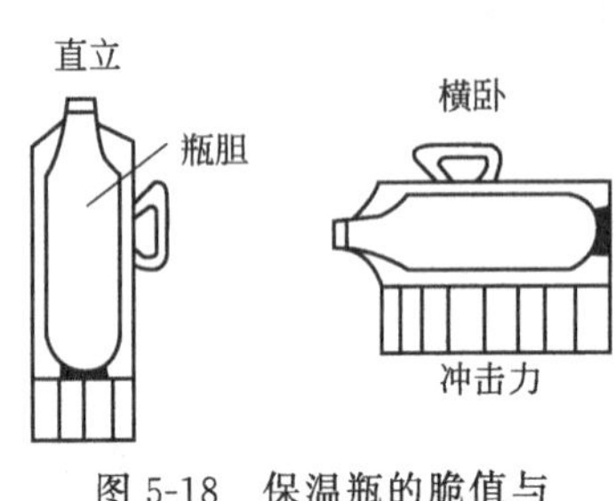

图 5-18 保温瓶的脆值与冲击方向的关系

构不合理，降低了产品脆值。包装工程师应认真分析产生的原因和可能的改进方案，并向产品设计人员提出改进意见，或者和产品设计人员共同工作，重新设计易损零件，提高它的强度和刚度。例如日本三菱公司对该公司生产的 14in 电视机进行冲击试验时发现，显像管下部塑料框架脆值仅为 25。造成管子脱落的主要原因是四个固定螺钉固定扭矩不足造成的。于是，增加螺钉扭矩 30%，更换螺钉垫圈，便使产品脆值增加一倍多，大大减少了缓冲材料用量，使包装费用降低 50%，效果非常显著。

虽然分析产品脆值和重新设计易损零件是一项重要的工作，但它只是产品脆值测试过程中的一项重要工作。因为不是所有产品，也不是大多产品的易损零件都存在结构性缺陷，都要做重新设计易损零件的工作，所以这项工作不是缓冲包装设计中的一个独立项目，而是产品脆值测试中的一个子项目，何况经过重新设计的易损零件仍要通过冲击试验重新测试产品脆值。

二、产品的振动试验

无论是在冲击环境下还是在振动环境下，产品破损都是从易损零件开始的。分析易损零件在振动环境下是否破损，不但要知道它的强度极限，而且还要知道它的振动特性。因此，对产品进行振动试验实质是对零件进行振动试验，目的是确定易损零件的固有频率、阻尼比及其幅频特性曲线。

1\. 稳态振动试验

试验见图 5-19，将产品固定在振动台上，振动台作正弦振动，振动的频率 f 由小到大缓慢变化，用加速度计测量振动台的加速度峰值 $\ddot{x}_m$ 和易损零件的加速度峰值 $\ddot{x}_{sm}$，并计算零件系统的放大系数 β_s，据此绘制的 β_s-f 曲线就是易损零件的幅频特性曲线。

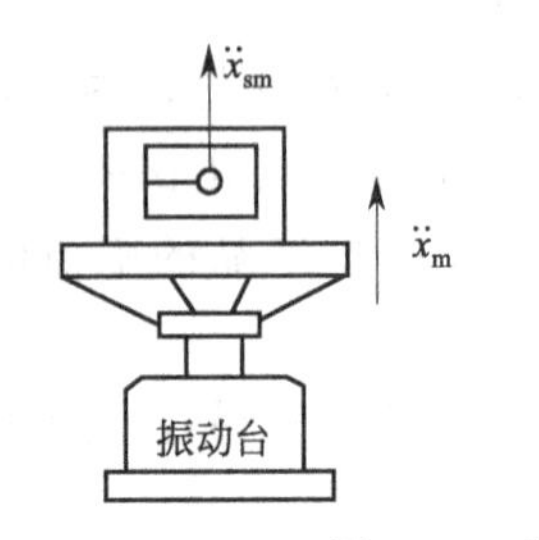

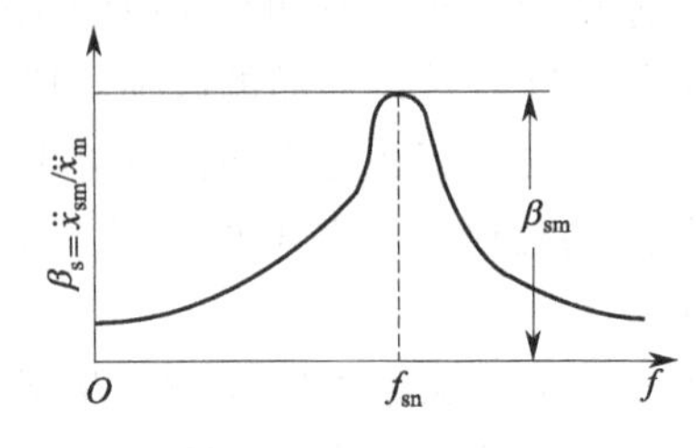

图 5-19 稳态振动试验和幅频特性曲线

图 5-20 是通过实测得到的一种收录机的幅频特性曲线。所试产品为收录机，并以收录机机芯线路板为易损零件，从图中可以确定线路板的固有频率 $f_{sn}=35\text{Hz}$，共振时的放大系数（传递率）$\beta_{sm}=8.3$，线路板的阻尼比 $\zeta_s=0.06$。

2. 自由振动试验

产品种类繁多，结构复杂，因而测试易损零件的振动特性会碰到各种各样的复杂情况。有些零件质量很小，尺寸很小，无法固定传感器，即使能够固定，传感器的质量也会根本改变零件的振动规律，使测试结果毫无意义，在这种情况下就要采用非接触法测试零件的振动特性。无论是电测还是光测，传统的非接触法都是使零件作稳态振动。我国中国科技大学研制的光电测试法却是对零件作自由振动试验（见《振动工程学报》，1992 年第 1 期），方法简单，容易实现，而且测试结果相当准确，值得缓冲包装科技人员借鉴。

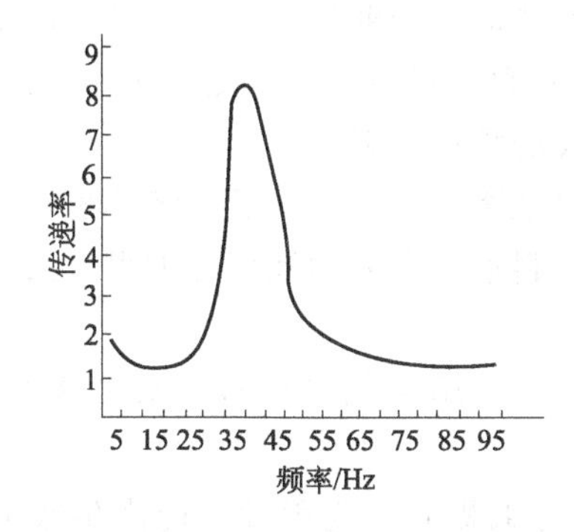

图 5-20 收录机机芯线路板的幅频曲线

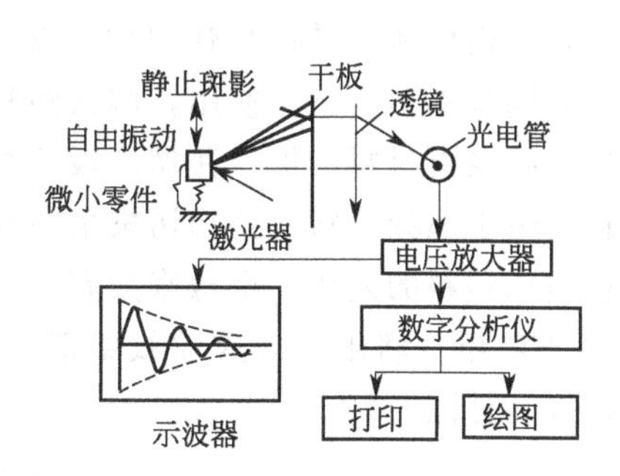

图 5-21 微小零件的光电测试

光电测试法见图 5-21，光源为激光器，并使照射角与反射角相等，试验前将干板原地作显影、定影处理，使干板记录下被测零件的静止散斑场。适当敲击零件，使它作自由振动。零件作自由振动时，它反射到干板上的斑场也随之在原来的静止斑场附近作往复运动，使通过干板的光强随时间而变化，光强的变化是光斑运动造成的，因而通过干板的光强就是零件作自由振动的光信号。通过干板的光强经透镜聚焦于光电管，将光信号转化为电信号，电信号经放大后通过示波器就能显示出零件作自由振动的图像。因为零件自由振动与光强变化为线性关系，光电转化又为线性关系，所以示波器图像与零件自由振动也是线性关系。由示波器图像可以求得零件自由振动的振幅 $A_i(i=1, 2, \cdots)$，因为零件的对数减幅率为

$$\delta=\ln\frac{A_i}{A_{i+1}}=\frac{2\pi\zeta}{\sqrt{1-\zeta^2}}$$

所以通过示波器图像可以求得易损零件的阻尼比。通过示波器图像又可以求得零件振动的周期 T_d，进而可以求得易损零件的固有频率

$$f_{sn}=\frac{1}{T_d\sqrt{1-\zeta^2}}$$

上述光电测试法无需专用设备，在条件较好的光学实验室就能实现，为确定微小零件的振动特性提供了一条有效的途径。有些产品结构非常复杂，对于这些产品，光电测试法在技术上还存在一些问题，严格实现前述两个线性关系也有一定难度，因此，这种测试法还有待于进一步完善。

第三节 选用适当的缓冲垫

缓冲包装设计法的第三步是选用适当的缓冲垫。具体地说，选用适当的缓冲垫就是选用适当的缓冲材料，测试材料的缓冲特性曲线，根据设计跌落高度计算衬垫的面积与厚度，而后根据振动环境对衬垫作振动校核，使设计出来的缓冲包装既经济又安全。

一、缓冲材料

1. 缓冲材料的种类

(1) 泡沫塑料　尽管包装废弃物很难处理，严重污染生态环境，但目前用得最多的缓冲材料仍然是泡沫塑料。之所以如此，是因为这种材料质量小、弹性变形大，缓冲性能好，容易注塑成型，成型衬垫便于装箱，能适应现代工业生产线流水作业的要求，而且泡沫塑料货源充足，价格低廉，其他替代材料在技术与经济两个方面都没有能力与这种材料竞争。因此，只要国家不明令禁止使用，泡沫塑料仍将是最重要的缓冲材料。

(2) 纸浆类材料　纸、瓦楞纸板、纸浆模塑垫都以纸浆为原材料，所以将其统称为纸浆类材料。由于泡沫塑料废弃物污染生态环境，纸浆类材料愈来愈受到社会的重视，人们对用它代替泡沫塑料的期望值也愈来愈高。

① 波纹纸　将纸加工成波纹纸能提高纸的缓冲性能，用来包装灯泡、水果这类产品，效果很好。见图 5-22。

图 5-22　波纹纸缓冲包装

② 瓦楞纸板　瓦楞纸板有一定弹性，能产生较大的变形，经开槽、压线、折叠后能制成各种各样的衬垫，能适应各种产品对缓冲包装的要求，是一种很好的缓冲材料。

③ 纸浆模塑垫　将纸浆用金属模具压制成纸浆模塑垫，也可以用作缓冲包装。用纸浆模塑垫代替稻草，用来包装鸡蛋，基本消除了鸡蛋在运输途中的破损，已收到良好效果，得到广泛应用。

纸浆类材料容易产生塑性变形，力学性能不及泡沫塑料。相对于泡沫塑料来说，纸浆类材料加工工艺比较复杂，成本较高，价格较贵。

(3) 橡胶　橡胶是很好的弹性材料，受力后塑性变形很小，而且橡胶强度高，经久耐用。虽然价格较贵，但能长期周转使用，对于某些特定的产品，采用橡胶作缓冲垫仍是合理的。

作为缓冲材料的橡胶，还包括发泡橡胶和橡胶黏结纤维。

(4) 气泡薄膜　由两层塑料薄膜封合而成的气泡薄膜内部有密闭的空气，因而具有一定的弹性，可以作为缓冲材料。

(5) 碎屑及纤维状材料　传统的碎屑及纤维状材料，如稻草、锯末、石棉等，装箱与开箱时污染环境，因而被逐渐淘汰。为了解决清洁的问题，特地将泡沫塑料或者薄膜加工成颗粒状及纤维状材料，如泡沫塑料条、乙酸纤维素条等代替传统的稻草、锯末和石棉。这类材料装箱时充填在产品与包装箱之间，装箱工效低，只适用于批量小而形状又比较复杂的产品。

2. 缓冲材料的物理与化学性质

在选择缓冲材料时，不但要考虑材料的力学性质，还要注意与包装有关的一些物理与化学性质。

（1）材料的物理性质 泡沫塑料低温时变硬，高温时变软。衬垫面积与厚度是按常温计算的。不论是低温还是高温，包装件按设计高度跌落时，产品加速度都比常温大得多。许多缓冲材料容易吸收空气中的水分。水分不但会降低材料的缓冲性能，而且会使产品中的金属零部件生锈，使产品中的有机物质长霉。有些材料自身相互摩擦或与其他非金属材料摩擦时容易产生静电，材料在运输途中由于摩擦产生的静电如果引起火花，点燃被包装的易燃、易爆的化工产品，会造成极为严重的后果。静电还能吸附灰尘，污染箱内的精密与贵重产品，缓冲材料是与箱内产品直接接触的，材料应尽可能柔软，坚硬的材料在受到振动与冲击时会擦伤箱内产品。

（2）材料的化学性质 缓冲材料应有较好的化学稳定性，其物质结构与化学成分不因温度等因素而变化，有耐油、耐酸、耐碱和抗微生物的能力。缓冲材料与内装产品还应该有良好的化学相容性，两者在正常条件不会发生化学反应。材料含有的水溶性物质的 pH 值在 6～8 的范围内，以避免这些物质的酸性水溶液腐蚀内装产品。

3. 对缓冲材料的基本要求

（1）材料价格适宜，货源充足，易于加工，便于装箱，包装废弃物容易处理，不污染生态环境。

（2）材料的弹性变形大，缓冲性能好，黏弹性回复好，蠕变与塑性变形小，拉断时的伸长变形大，在冲击载荷作用下弯折时不易断裂破碎。

（3）材料自重轻，对温度的适应范围大，吸水性小，不易产生静电，材质柔软，不易擦伤箱内产品。

二、缓冲材料与产品特性的匹配

缓冲材料种类很多，不同的材料有不同的缓冲特性曲线，如图 5-23 所示。同一种材料由于所取密度不同，缓冲特性曲线也不同。在如此多的缓冲材料中究竟选择哪一种材料制作缓冲衬垫呢？这个问题就是缓冲材料与产品特性（质量，脆值、形状、尺寸）的匹配问题，以图 5-24 为例，共有 15 种不同种类、不同密度的材料，较硬的材料偏右，较软的材料偏左，缓冲性能较好的偏下，缓冲性能较差的偏上。材料的缓冲及经济效果与产品特性有关。就某个产品来说，有些材料软硬适中，恰好与产品特性相匹配，选用这种材料不但缓冲效果好，而且经济上也最合理；还有一些材料，不是太硬，就是太软，与产品特性不匹配，不能选用。就某种材料来说，它与这个产品不匹配，却与那个产品恰到好处，非常匹配，因此不能离开产品抽象地评价缓冲材料的优劣。如果硬要选用与产品特性不匹配的材料，设计出来的衬垫就会很厚，违背经济合理的原则。因此，选择缓冲材料不但要满足缓冲包装对材料的一些基本要求，更要注意匹配问题，将产品特性作为选择材料的基本依据。

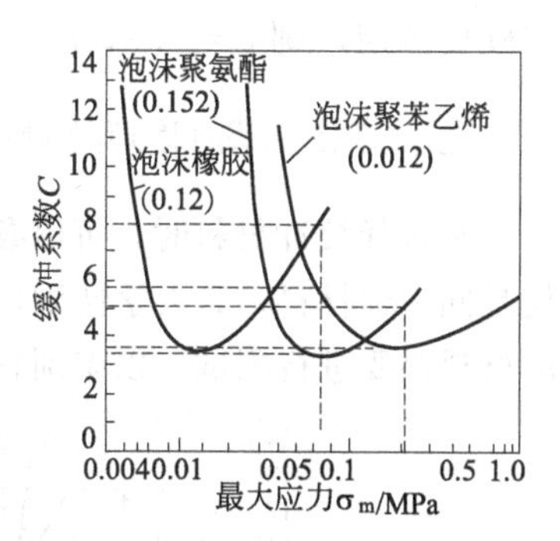

图 5-23 产品特性与缓冲材料的匹配

选择缓冲材料不但要选择材料的种类，还要选择材料的密度。以图 5-24 为例，同样是黏结纤维，取不同的密度，就有不同的缓冲特性曲线，彼此差别很大。所以，改变材料的密度可以调节材料的缓冲性能，使缓冲材料的选择更加令人满意。

例 5-1 产品质量 $m=20\text{kg}$，脆值 $G=50$，设计跌落高度 $H=60\text{cm}$，产品立方形，每面面积 1420cm^2。(1) 采用全面缓冲，试从图 5-23 中选用缓冲材料并计算衬垫厚度。(2) 按产品面积的 $\frac{1}{3}$ 作局部缓冲，试从图 5-23 中选用缓冲材料并计算衬垫厚度。

解 (1) 按全面缓冲计算 衬垫最大应力为

$$\sigma_m=\frac{GW}{A}=\frac{50\times20\times9.8}{1420}=0.069\ (\text{MPa})$$

在图 5-23 上与这个产品匹配的材料是泡沫聚氨酯（0.152g/cm^3），缓冲系数 $C=3.4$，衬垫厚度为

$$h=\frac{CH}{G}=\frac{3.4\times60}{50}=4.08\ (\text{cm})$$

在图 5-23 上泡沫橡胶（0.12g/cm^3）太软，与这个产品不匹配，若硬要选用，则 $C=8$，衬垫厚度 $h=9.6\text{cm}$。

在图 5-23 上泡沫聚苯乙烯（0.012g/cm^3）太硬，与这个产品不匹配。如果硬要选用，则 $C=5.7$，衬垫厚度 $h=6.84\text{cm}$。

(2) 按局部缓冲计算 衬垫面积为产品面积的 $\frac{1}{3}$，故 $A=473\text{cm}^2$，衬垫最大应力为

$$\sigma_m=\frac{GW}{A}=\frac{50\times20\times9.8}{473}=0.207\ (\text{MPa})$$

在图 5-23 上与这个产品匹配的是泡沫聚苯乙烯（0.012g/cm^3），缓冲系数 $C=3.7$，衬垫厚度为

$$h=\frac{CH}{G}=\frac{3.7\times60}{50}=4.44\ (\text{cm})$$

在采用局部缓冲的情况下，泡沫聚氨酯（0.152g/cm^3）太软，与这个产品不再匹配，若硬要选用，则 $C=5.2$，$h=6.24\text{cm}$。

三、测试材料的缓冲特性曲线

在选择缓冲材料时，可以参考国内外已有的测试资料，见图 5-24，由于生产厂家不同，即使是同一种材料，其力学性质也不会完全相同，甚至有很大的差异，因此设计人员对已经选用的材料仍要进行测试，以识别它的真伪优劣，并根据自己的测试曲线计算衬垫面积与厚度。

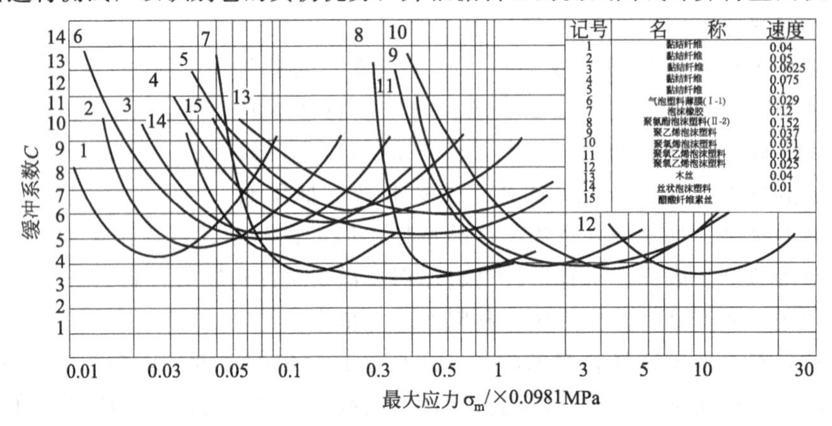

图 5-24 各种缓冲材料的缓冲系数-最大应力曲线

1. 缓冲材料的静态试验

静态试验是在螺旋压力机或液压试验机（图 5-25）上进行的，试件厚度必须大于 2.5cm，加载速度为 10～15mm/min，试验得到的是材料的应力-应变曲线。

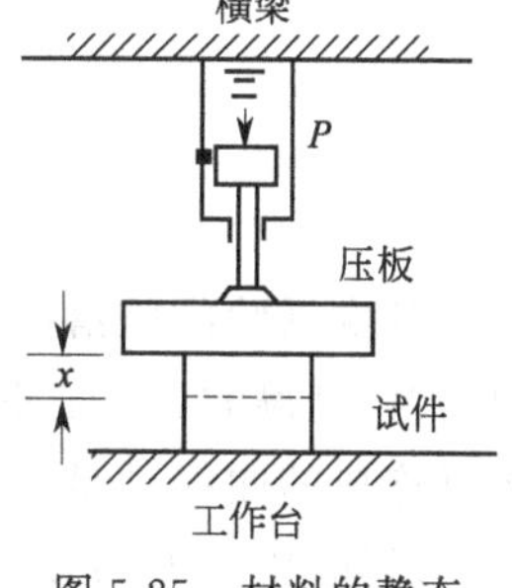

图 5-25 材料的静态压缩试验

图 5-26(a) 是泡沫聚苯乙烯（0.012g/cm³）的应力-应变曲线，在曲线上任取一点，其应力为 σ_m，应变为 ε_m，以该点为顶点的曲边三角形的面积就是材料的弹性比能 u，且

$$u=\int_0^{\varepsilon_m}\sigma\,d\varepsilon \qquad (5\text{-}1)$$

与该点对应的缓冲系数为

$$C=\frac{\sigma_m}{u}=\frac{\sigma_m}{\int_0^{\varepsilon_m}\sigma\,d\varepsilon} \qquad (5\text{-}2)$$

在应力应变曲线上取不同的点，就有不同的缓冲系数 C 与最大应力 σ_m，因而可以绘出这种材料的 C-σ_m 曲线，如图 5-26(b) 所示。

材料的缓冲系数最大应力曲线与最大加速度静应力曲线有着内在关系，可以相互变换。已知 C-σ_m 曲线，计算 G_m-σ_{st} 曲线的公式由第四章的式(4-28) 给出：

$$\left.\begin{aligned}G_m&=\frac{CH}{h}\\ \sigma_{st}&=\frac{\sigma_m h}{CH}\end{aligned}\right\} \qquad (5\text{-}3)$$

将式(5-2) 代入式(5-3)，得

$$\left.\begin{aligned}G_m&=\frac{\sigma_m H}{h\int_0^{\varepsilon_m}\sigma\,d\varepsilon}\\ \sigma_{st}&=\frac{h}{H}\int_0^{\varepsilon_m}\sigma\,d\varepsilon\end{aligned}\right\} \qquad (5\text{-}4)$$

(a) 应力-应变曲线

(b) 缓冲系数-最大应力曲线

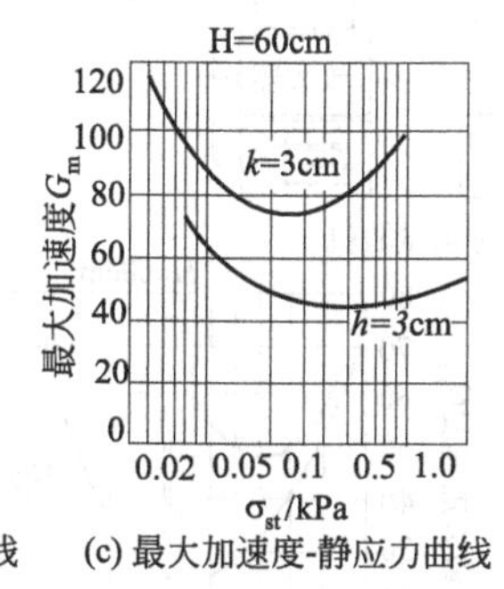

(c) 最大加速度-静应力曲线

图 5-26 泡沫聚苯乙烯（0.012g/cm³）的静态试验

给定跌落高度 H 与衬垫厚度 h 后，在材料的应力应变曲线上每取一个点，由式(5-4) 就可以求得 G_m-σ_{st} 曲线上的一个对应点，因而可以绘出该材料的最大加速度-静应力曲线，见图 5-26(c)，图中材料仍是泡沫聚苯乙烯，只是密度为 0.021g/cm³。

2. 缓冲材料的动态试验

动态试验在落锤冲击机上进行，见图 5-27(a)，重力为 W 的重锤自高度 H 处跌落，并冲击厚度为 h、面积为 A 的试件，加速度计测量重锤每次冲击的最大加速度 $\ddot{x}_m$。无论是缓冲系数-最大应力曲线还是最大加速度-静应力曲线，测试方法都是一样。

已知 W、H、h、A 及 $\ddot{x}_m$ 就可以求得 σ_m 与 C，因而可以求得缓冲系数-最大应力曲线上的一个点，即

$$\left.\begin{aligned}\sigma_m&=\frac{G_mW}{A}\\ C&=\frac{G_mh}{H}\end{aligned}\right\}\tag{5-5}$$

各次试验的跌落高度与试件厚度都一样，只是由小到大一次又一次增加重锤的质量，不同的 W 测得的 G_m 是不同的，因而由式(5-5) 可以求得 C-σ_m 曲线上一个又一个点，通过这些点连成的曲线就是动态的缓冲系数-最大应力曲线，如图 5-27(b) 所示。

已知 W、H、h、A 及 $\ddot{x}_m$，就可以求得 σ_{st} 及 G_m，因而可以求得高度为 H、厚度为 h 的衬垫最大加速度-静应力曲线上的一个点，即

$$\left.\begin{aligned}\sigma_{st}&=\frac{W}{A}\\ G_m&=\frac{\ddot{x}_m}{g}\end{aligned}\right\}\tag{5-6}$$

各次试验的跌落高度与试件厚度都一样，只是由小到大一次又一次增加重锤的质量，不同的 W 测得的 $\ddot{x}_m$ 是不同的，因而由式(5-6) 可以求得这个高度与这个厚度的 G_m-σ_{st} 曲线上一个又一个点，通过这些点连成的曲线就是这个高度与这个厚度的动态的最大加速度-静应力曲线，见图 5-27(c)。做完一个厚度的试件后，再取另一厚度的试件重复上述试验，就可以得到同一高度但不同厚度的另一条曲线。

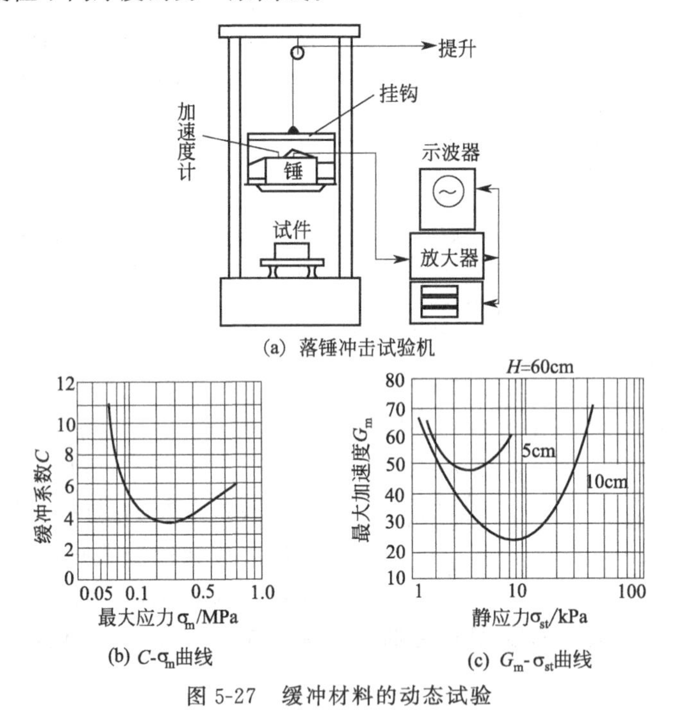

图 5-27 缓冲材料的动态试验

四、按冲击环境计算衬垫厚度与面积

采用全面缓冲的包装件以不同姿态跌落时，产品最大加速度是不同的，试验结果如图 5-28 所示。试验表明，不论是角跌落还是棱跌落，地板对产品的冲击都不及面跌落强烈，因此按照面跌落姿态计算衬垫面积与厚度。

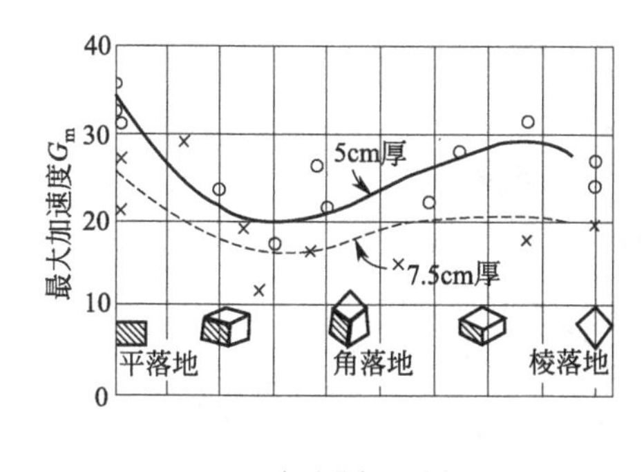

(a) 角跌落与面跌落

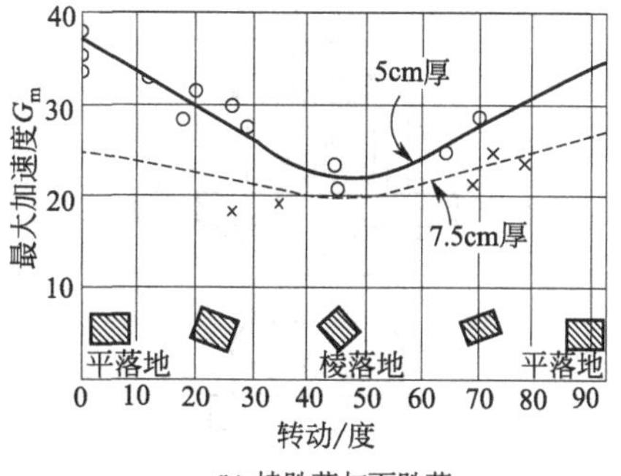

(b) 棱跌落与面跌落

图 5-28 不同跌落姿态的比较

比较两种缓冲特性曲线，采用 G_m-σ_{st} 曲线，测试工作量大，测试费用高，因此一般采用缓冲系数-最大应力曲线计算衬垫面积与厚度，比较两种试验方法，动态试验是对包装件跌落冲击的模拟，所以按动态曲线计算更符合实际情况。

根据跌落冲击的强度条件，衬垫面积与厚度的计算公式为

$$\left.\begin{aligned} A&=\frac{GW}{\sigma_m} \\ h&=\frac{CH}{G} \end{aligned}\right\} \tag{5-7}$$

如果从不同方向冲击，产品有不同的脆值，就要按不同方向计算衬垫面积与厚度。

采用局部缓冲时，面积 A 还要分切为若干块，用 A_{min} 表示其中最小一块的面积。对于图 5-29 所示的离散型局部缓冲结构，如 A_{min} 太小，衬垫会在产品冲击下弯曲。为了避免出现这种现象，因此对衬垫作弯曲校核，即

$$A_{min}>(1.33h)^2 \tag{5-8}$$

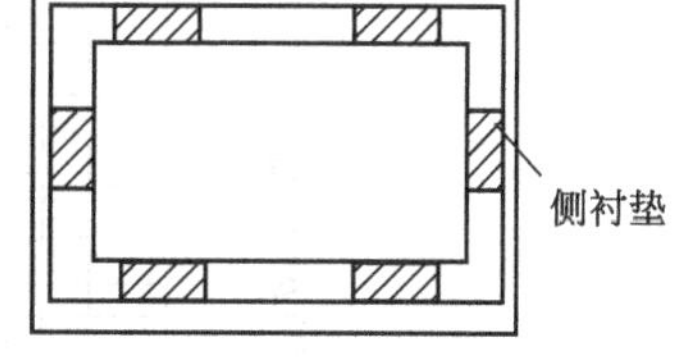

图 5-29 离散型缓冲衬垫

对于目前普遍采用的注塑成型的连体衬垫，式中的 h 指的是局部突出部分的厚度，因为局部突出厚度很小，这类衬垫在受到冲击时一般不会发生弯曲。

五、测试产品衬垫系统的幅频曲线

为了判断产品在振动环境下是否安全，除了易损零件的幅频曲线之外，还必须测试产品衬垫系统的幅频曲线。

按照式(5-7) 计算的面积 A 与厚度 h，将缓冲材料制成衬垫，并取一质量与产品相等的物块与制成的衬垫装入测试箱内组成产品衬垫系统，并将这个系统固定在振动台上进行正弦振动试验，激振频率由小到大逐渐变化，就可以绘出这个系统的幅频特性曲线，如图 5-30 所示，图中 f_n 是产品共振时的频率，即产品衬垫系统的固有频率，β_m 是产品衬垫系统共振时的动力放大系数（传递率）。

虽然缓冲材料是典型的非线性材料，但测试得到的产品衬垫系统的幅频曲线（图 5-31 与图 5-32）却接近线性理论，没有非线性特性，共振时的脊骨线无弯曲，变频时也没有跳跃现象。之所以如此，是因为振动环境比冲击环境轻微，而且缓冲材料有明显的阻尼，因此产品衬垫系统在简谐激励下的受迫振动接近线性理论，故其固有频率为

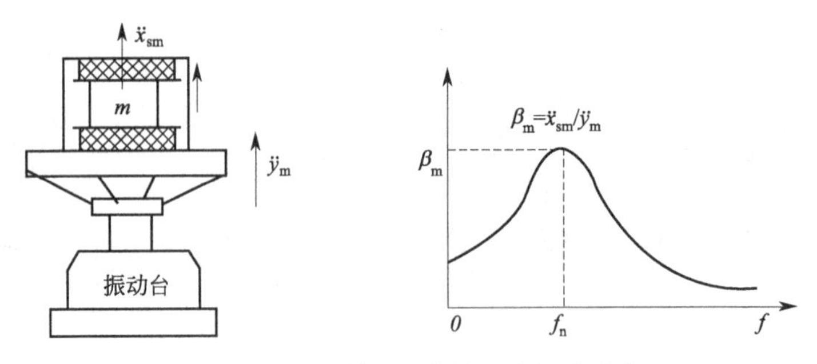

图 5-30 产品衬垫系统的正弦振动试验

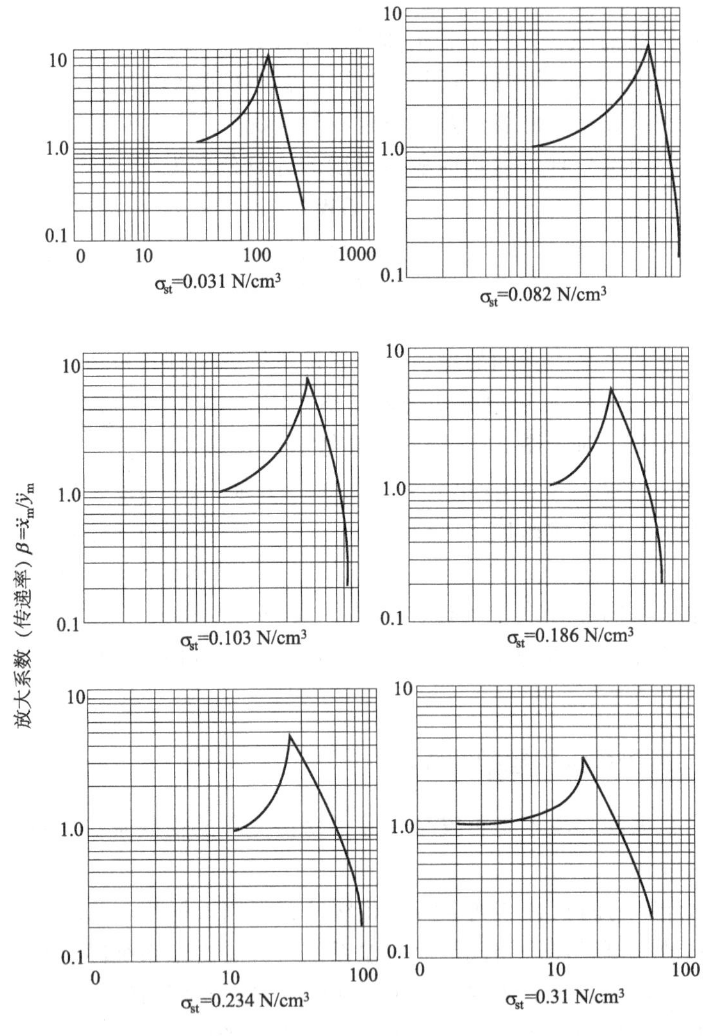

图 5-31 幅频曲线与衬垫静应力之间的关系

（聚氨酯泡沫，密度 0.024g/cm³，h=5cm）

$$f_n=\sqrt{\frac{EA}{mh}}=\sqrt{\frac{Eg}{\sigma_{st}h}} \tag{5-9}$$

式(5-9) 表明，在缓冲材料与衬垫厚度不变的条件下，产品衬垫系统的固有频率 f_n 与衬垫静应力的平方根$\sqrt{\sigma_{st}}$成反比，如图 5-31 所示；在缓冲材料与衬垫静应力不变的条件下，产品衬垫系统的固有频率 f_n 与衬垫厚度的平方根$\sqrt{h}$成反比，如图 5-32 所示。在图 5-31 和图 5-32 中，每一小图的纵坐标均相同，横坐标均为频率 f。

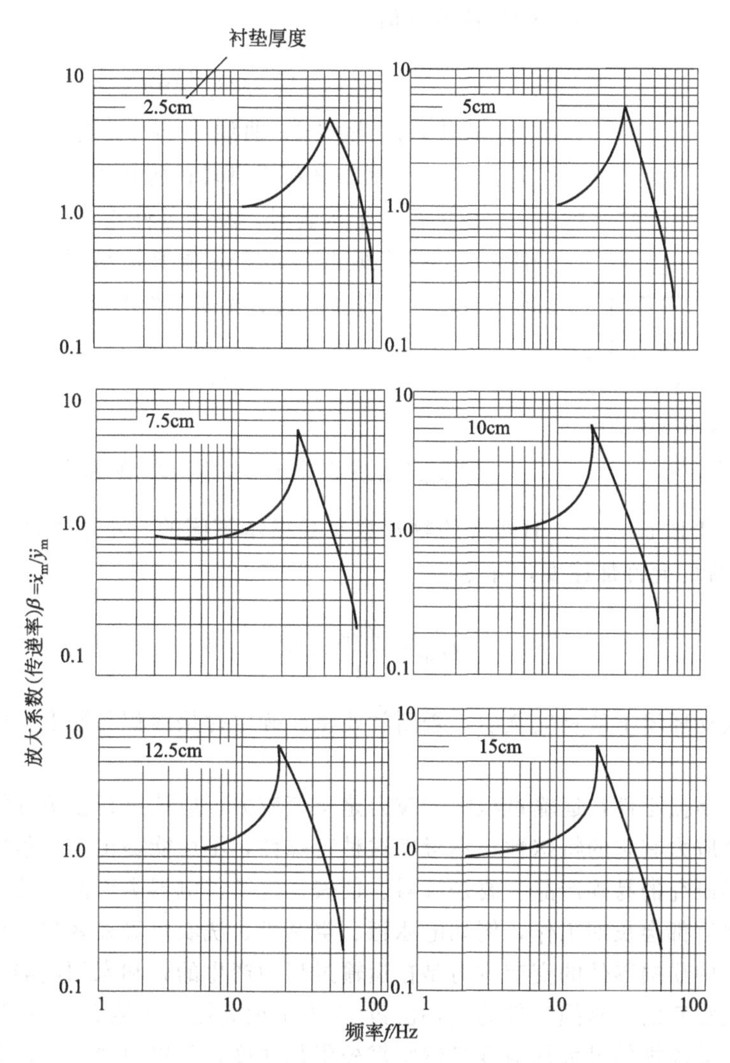

图 5-32 幅频曲线与衬垫厚度的关系

（聚氨酯泡沫，密度 0.024g/cm³，σ_{st}=0.165N/cm²）

六、按振动环境校核衬垫的面积与厚度

产品破损是从易损零件开始的，因此，判断产品在振动环境下是否发生破损，只能以易损零件的最大加速度与允许加速度为依据。

按照两级估算法，不计易损零件质量对产品的反作用，其最大加速度的计算方法如图 5-33 所示。图中 β_s-f 曲线是在振动台上测试出来的易损零件对产品的幅频特性曲线；β-f 曲线是在振动台上测试出来的产品对振动环境的幅频特性曲线；$\ddot{y}_m$-f 是振动环境的加速度-频率曲线。设 f_n 与 f_{sn} 都在振动环境的频率范围内，则易损零件的两次共振都会发生。易损零件第一次共振的加速度峰值为

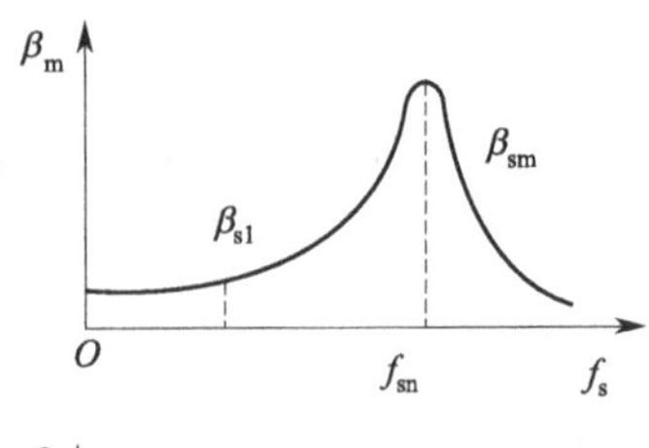

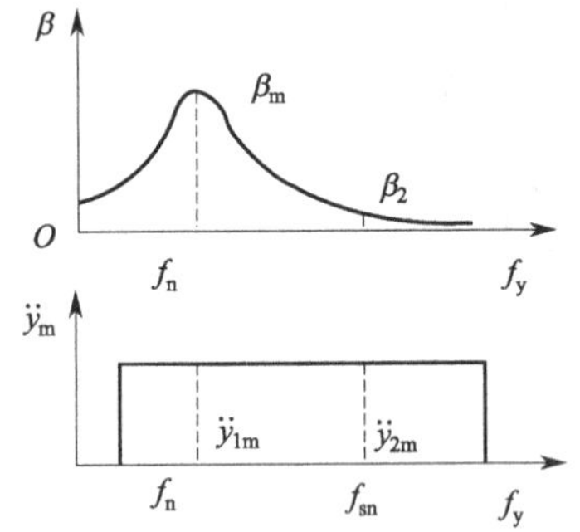

图 5-33 易损零件两次共振的计算方法

$$(\ddot{x}_{sm})_1=\beta_m\beta_{s1}\ddot{y}_{1m} \tag{5-10}$$

式中，β_{s1}是β_s-f_x曲线上与f_n对应的动力放大系数；$\ddot{y}_{1m}$是与f_n对应的振动环境的加速度，易损零件第二次共振的加速度峰值为

$$(\ddot{x}_{sm})_2=\beta_{sm}\beta_2\ddot{y}_{2m} \tag{5-11}$$

式中，β_2是β-f_y曲线上与f_{sn}对应的动力放大系数；$\ddot{y}_{2m}$是与f_{sn}对应的振动环境的加速度。

在进行冲击试验时，易损零件是产品中最容易破损的零部件，其强度最低，而产品脆值是易损零件极限加速度a_{jx}的二分之一，用G_s表示易损零件的允许加速度，并令

$$G_s=\frac{a_{jx}}{2g} \tag{5-12}$$

即取安全系数等于$\frac{1}{2}$，则G_s在数值上等于产品脆值G，即令$G_s=G$。尽管取$G_s=G$，但两者的物理意义是根本不同的，不能将两者混为一谈。用G_{sm}表示易损零件的允许加速度，并令

$$G_{sm}=\frac{\ddot{x}_{sm}}{g}\leqslant G_s \tag{5-13}$$

那么，产品在振动环境下就是安全的，否则就要重新确定衬垫面积与厚度，降低产品衬垫系统的固有频率。

毫无疑问，易损零件在运输过程中的应力是交变应力，应该进行疲劳计算。但是包装动力学涉及的交变应力有它的特殊性，不考虑这种特殊性，不可能提出令人信服的计算方法。

包装动力学研究的易碎产品主要是仪器、仪表、电子、电器类产品。这类产品到达用户那里投入使用以后都会长期工作，例如电冰箱、空调机、洗衣机等在客户家里要工作几年甚至十几年。产品中易损零件的交变应力是在运输过程中产生的，和家用电器比较，车辆运输经历的时间总是短暂的，易损零件的循环次数N肯定远离循环基数N_0，在这种情况下，易损零件中导致产品破损的最大加速度必然紧靠极限加速度，所以只要取一定的安全系数，就没有必要对易损零件进行交变应力计算。

第四节 设计与创造原型包装

缓冲包装设计方法的第四步是创造原型包装。原型的意思是样品，所谓创造原型包装，意思就是设计与制作样品。既然是设计，就不能抄袭，就要有创新。因为原型包装只是样品，未经规定的各项环境试验，还不能投入批量生产。

一、缓冲与固定

设计缓冲包装必须考虑产品的固定，注意缓冲与固定的关系，将两者有机地结合起来，固定就是固定产品在箱内的位置，使它不能移动和转动，否则，产品在运输途中

就会与包装箱碰撞，或者是产品与产品在箱内互相碰撞，其结果是增加产品的破损。固定和缓冲是互相联系的，各种缓冲材料都有固定产品的作用，反之各种固定材料也能缓和外界对产品的振动与冲击，所以在设计缓冲包装的同时也要设计产品的固定装置。

二、裹包与充填

有些产品，如水果、白炽灯泡等，尺寸小、质量小、形状不规则又容易破损，对于这类产品，通常采用裹包与充填结构，裹包就是将产品包裹后再装入箱内，见图5-34，常用的裹包材料有各种包装纸、波纹纸、单面瓦楞纸板、气泡薄膜、泡沫塑料膜等。充填就是用缓冲材料充填产品及产品与包装箱之间的空间，见图5-34，常用的充填材料有木丝、碎纸、醋酸纤维丝、泡沫塑料条等。

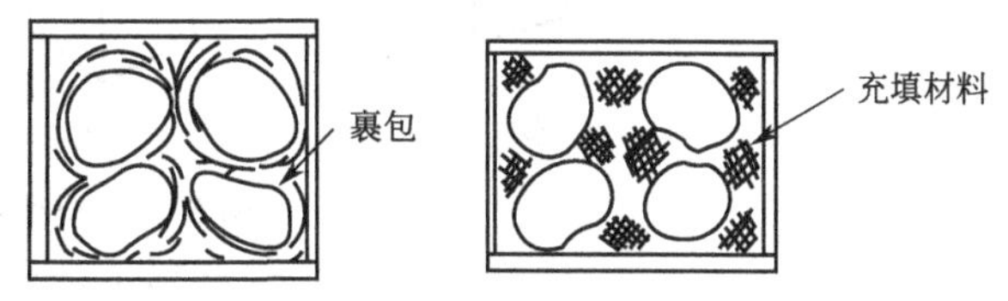

图 5-34 裹包与充填

三、泡沫塑料缓冲垫

随着包装废弃物的增多，泡沫塑料对环境的污染日益严重，人们对使用泡沫塑料缓冲垫的怀疑也愈来愈多，但目前国内用得最多的缓冲材料仍是泡沫塑料。原因是泡沫塑料缓冲性能好，容易加工，资源丰富，价格低廉。目前常用的泡沫塑料有泡沫聚苯乙烯、泡沫聚氯乙烯、泡沫聚乙烯、泡沫聚丙烯、泡沫聚氨酯以及醋酸纤维素等，在设计出口产品的缓冲包装时必须注意，聚苯乙烯和聚氯乙烯对环境的污染太大，伤害人体健康，回收处理费用过高，已被一些欧洲国家禁止使用。

1. 全面缓冲

图5-35是用粒状、条状及片状材料充填的全面缓冲。这种结构形式的优点是缓冲材料不必预先加工，适用于小批量产品。

在产品面积小而缓冲材料又较软的情况下，如果采用全面缓冲，可以用承压板调整承载面积，见图5-36。

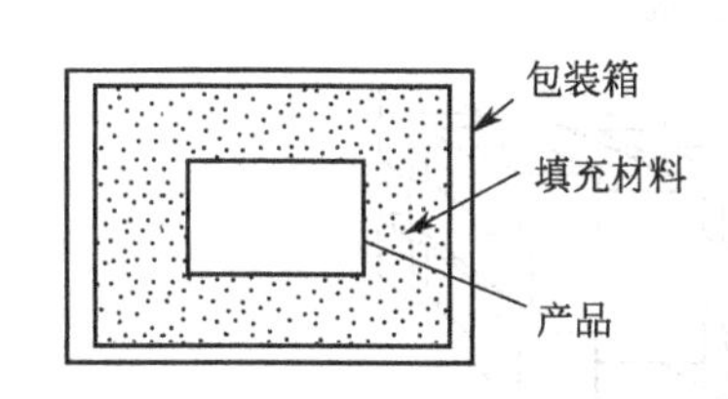

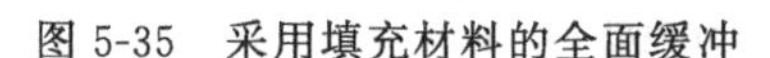

图 5-35 采用填充材料的全面缓冲

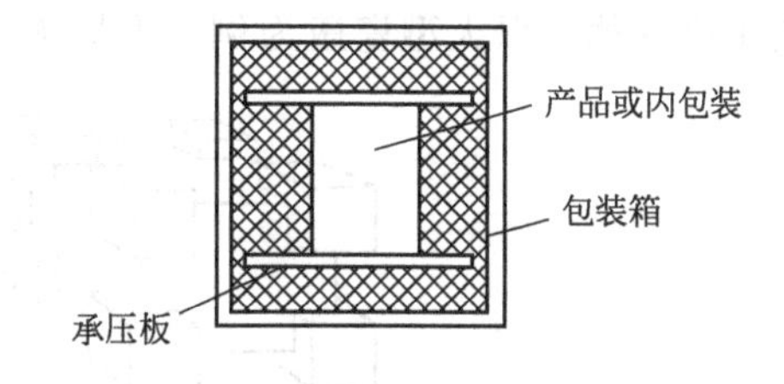

图 5-36 采用承压板的全面缓冲

图5-37(a) 是用泡沫塑料板对产品作全面缓冲，前、后、上、下、左、右共有六块，装箱时非常麻烦。对于大批量的产品，可以采用成型泡沫衬垫，见图5-37(b) 和图5-37(c)。

仪器的全面缓冲包装照片见图5-38。

2. 局部缓冲

假设产品为正六面体，其重心与形心重合。沿产品三个正交方向确定衬垫面积 A 和厚度 h 后，最简单的方法是将面积 A 平分到产品四角。八个顶点每个有三块衬垫，共有24块。这么多的衬垫，尺寸又不完全相同，不但会降低装箱的工作效率，而且还会搞错衬垫的位置。因此，将

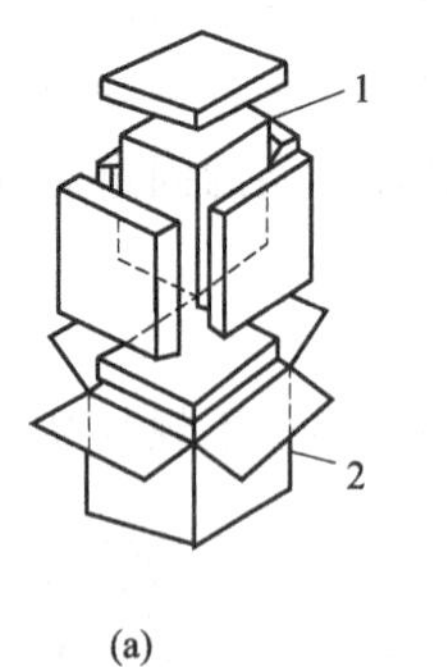

(a)

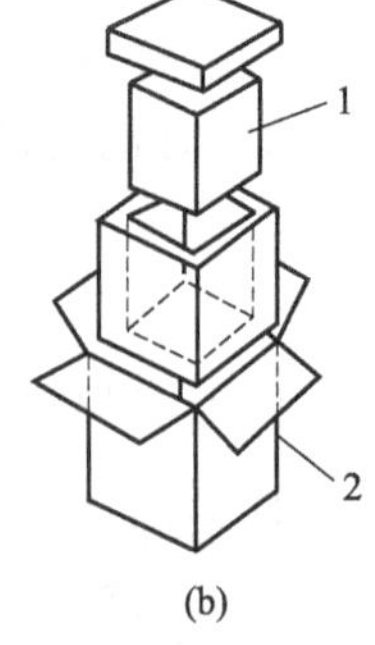

(b)

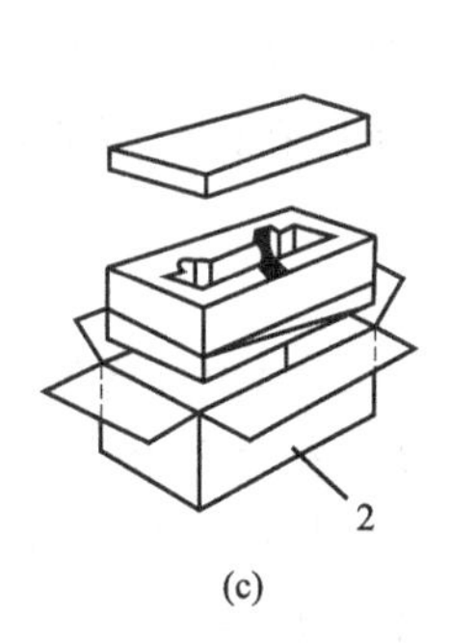

(c)

图 5-37 全面缓冲

1—产品；2—包装箱

图 5-38 仪器的全面缓冲包装照片

每个顶点的三块通过注塑成型的方法组合成一个整体，这个组合体就称为角垫，见图 5-39。

采用角垫后，衬垫个数由 24 个减少为 8 个，但数量仍然太多，前、后、上、下、左、右又各不相同，仍然不便于装箱。为了提高装箱效率，在角垫的基础上又出现棱垫，即将同一棱边的前后两个角垫连成一体，将衬垫的个数由 8 个减少为 4 个，有些电视机采用了这样的结构形式。为了进一步提高装箱效率，又将箱底和箱顶棱垫分别连成天地垫，或者将两个侧面的棱垫分别连成两个侧面垫，如收录机，这样就将衬垫个数减少成了 2 个。

图 5-40 只是说明设计思路，实际上设计衬垫还要考虑许多结构因素，自然比构思复杂。见图 5-41 和图 5-43。

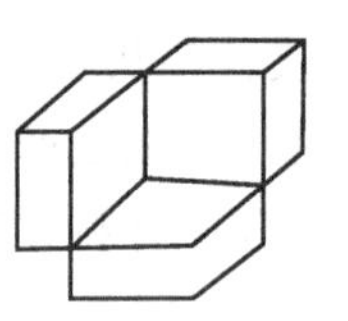

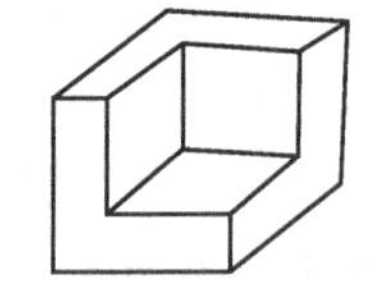

图 5-39 角垫的形成

产品种类繁多，大小不同，形状各异，局部缓冲也不可能千篇一律。以大型瓷瓶为例，无棱无角，因此只在瓶

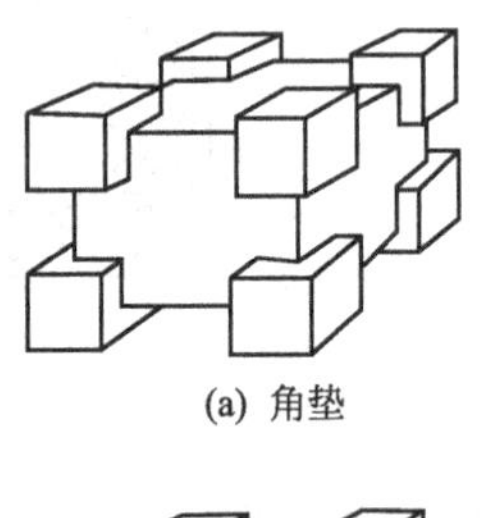

(a) 角垫

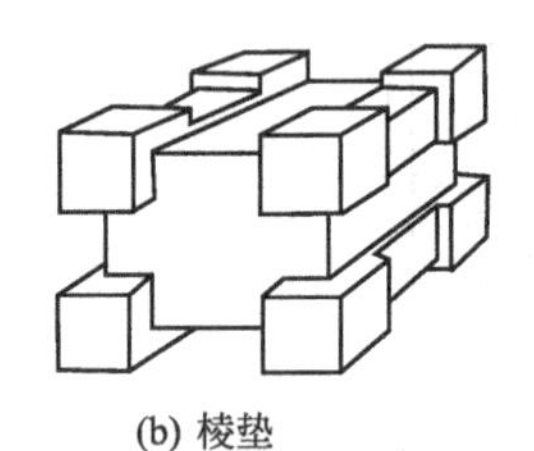

(b) 棱垫

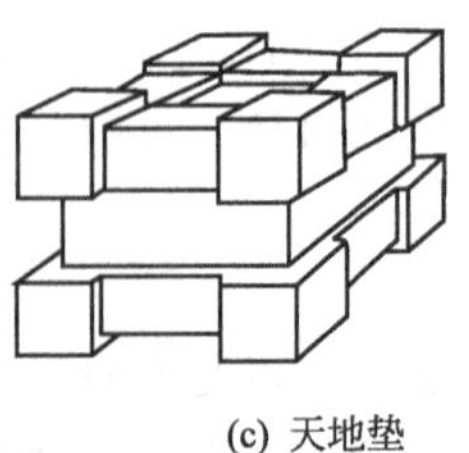

(c) 天地垫

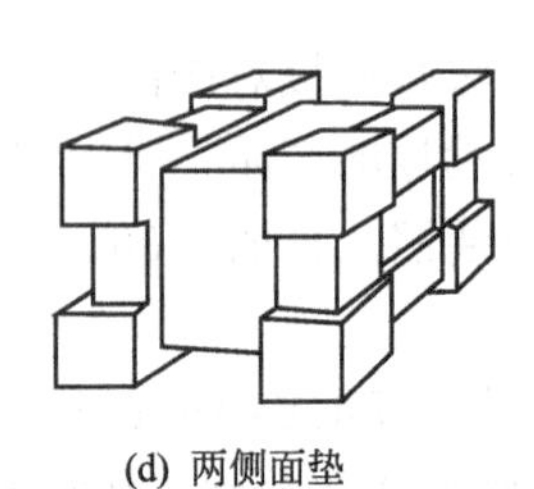

(d) 两侧面垫

图 5-40 局部缓冲成型衬垫的四种基本类型

底和瓶顶各设一衬垫；为防止它在箱内摇晃，所以在瓶颈处又设一横向缓冲垫，见图 5-42。

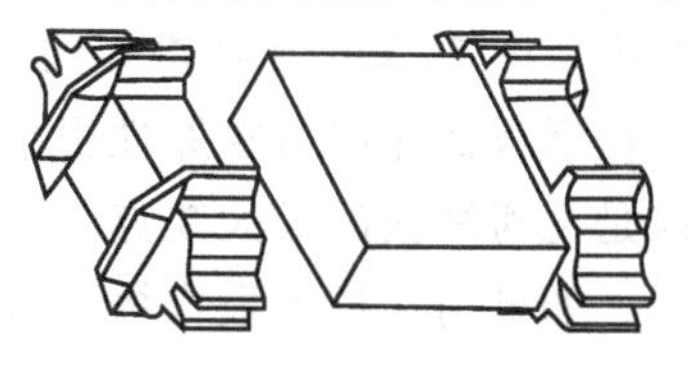

图 5-41 对口侧面缓冲垫

四、瓦楞纸板缓冲垫

泡沫塑料废弃物污染环境，愈来愈受到社会的排斥，以瓦楞纸板为替代材料制作缓冲包装（图 5-45 和图 5-46）是解决这个问题的一条有效途径。瓦楞纸板早已用作缓冲包装，只是说法不同，称为纸箱附件，见图 5-44。

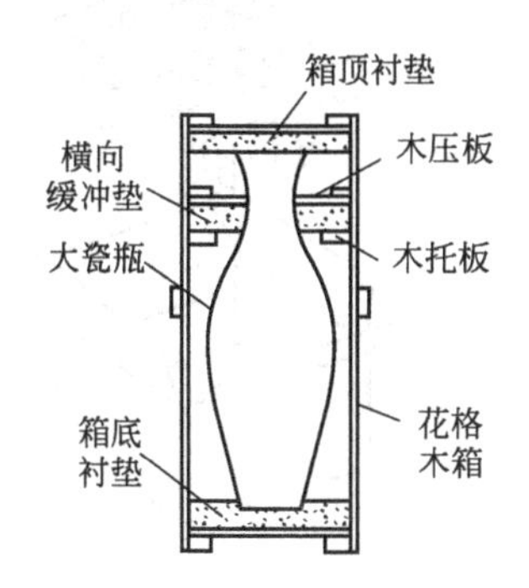

图 5-42 大瓷瓶的缓冲包装

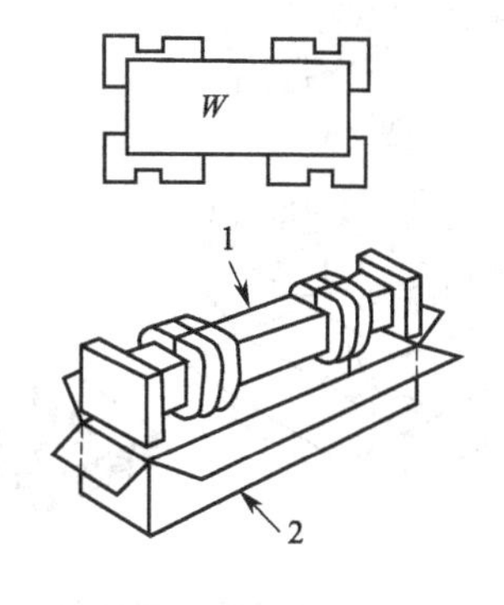

图 5-43 局部缓冲举例

1—产品；2—包装件

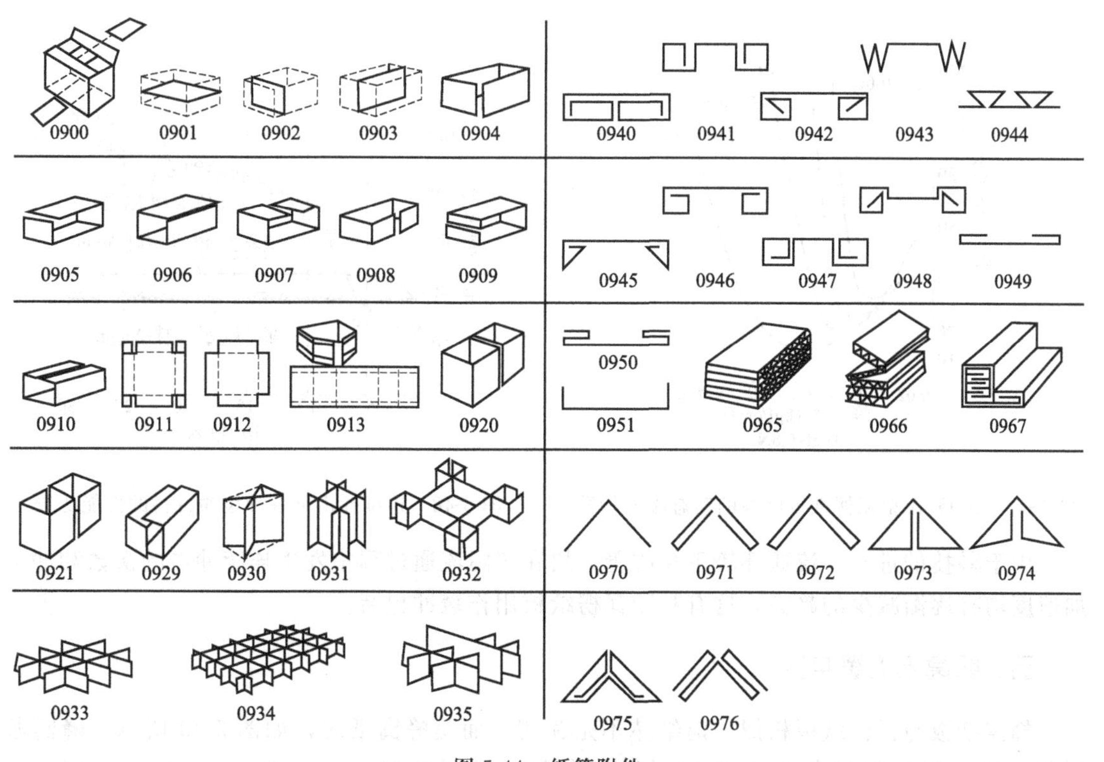

图 5-44 纸箱附件

使用瓦楞纸板制作缓冲衬垫，废弃物可回收制浆造纸，不会污染环境；加工性能好，裁切、黏合都较容易；成本低，储运时占用空间小；使用温度范围比泡沫塑料宽。但瓦楞纸板容易吸潮，潮湿后抗压强度急剧下降；用瓦楞纸板制作的缓冲衬垫，初次冲击有一定的缓冲效果。图 5-47 是瓦楞纸板的最大加速度-静应力曲线（G_m-σ_{st}曲线），图中的 H 是跌落高度。瓦楞纸板受冲击后复原性很小，属压溃型缓冲材料，反复地冲击会使缓冲吸收性急剧降低，这是瓦楞纸板的最大缺点。连续冲击下，瓦楞纸板和泡沫塑料缓冲性能的比较如图 5-48 所示。如果用瓦楞纸板作缓冲材料，静载荷取（20～40）g/cm^2，则跌落高度为 60cm 时跌落 5 次，或跌落高度为 30cm 时跌落 10～15 次，瓦楞纸板的缓冲效果将降低 1/3 左右。

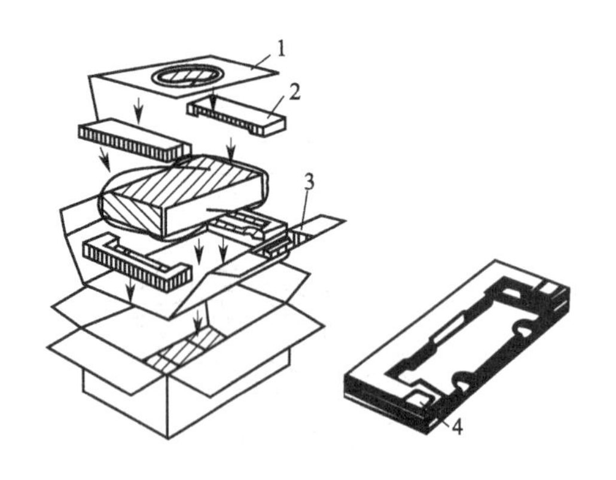

图 5-45 瓦楞纸板缓冲包装实例

1—顶面保护衬板；2—多层瓦楞纸板缓冲垫（上下共 4 件）；3—取出产品用的瓦楞纸板衬板；4—布胶带（每件 2 处）

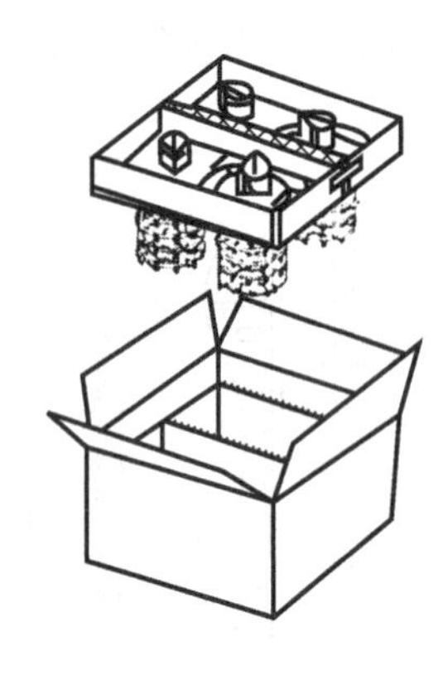

图 5-46 用瓦楞纸板制作的缓冲衬垫

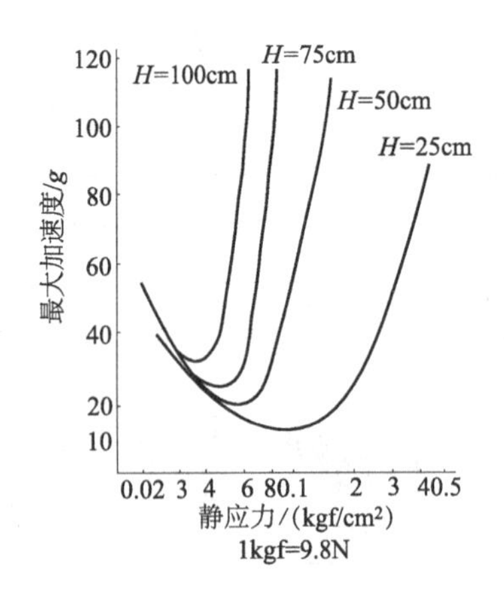

图 5-47 10 张 A 型瓦楞纸板重叠的动态缓冲特性

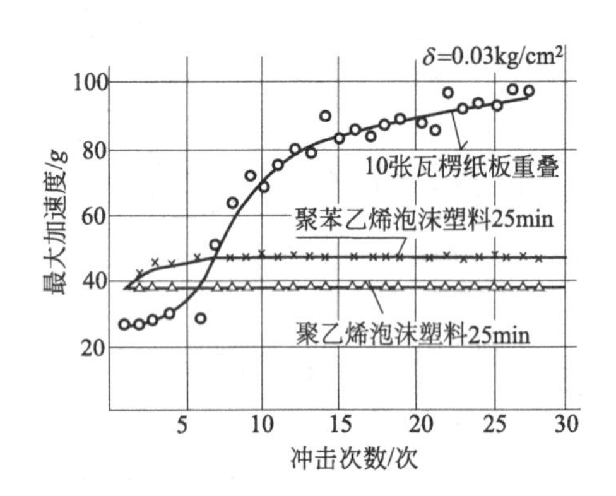

图 5-48 连续冲击下各种缓冲材料的性能比较

由于科技的进步，流通环境不断改善，故在实际流通过程中发生连续冲击的次数和冲击加速度均有逐渐减少的趋势，这有利于瓦楞纸板用作缓冲包装。

五、蜂窝纸板缓冲垫

蜂窝纸板与瓦楞纸板相似，但纸芯不是瓦楞，而是蜂窝纸芯，如图 5-49 所示，蜂窝芯纸与面纸、里纸粘贴便成为蜂窝纸板。蜂窝纸板厚度有 5mm、8mm、10mm、15mm、20mm、30mm、40mm 七种，蜂窝边长有 6mm、8mm、10mm、12mm、14mm、16mm、18mm、20mm 八种。

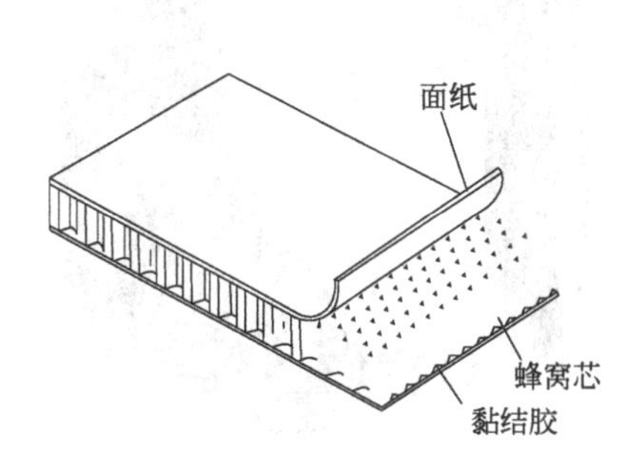

图 5-49 展开的蜂窝芯板

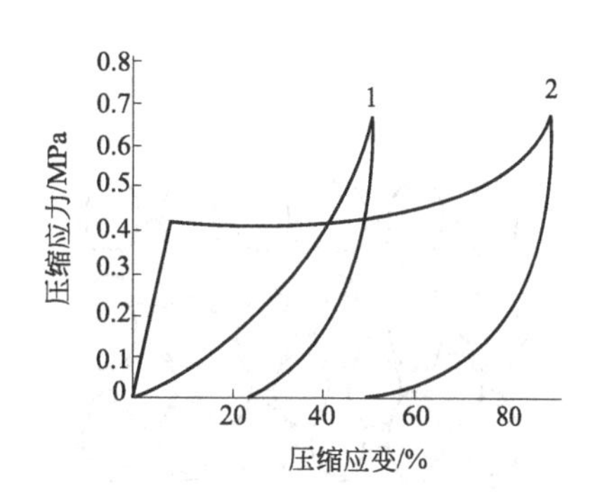

图 5-50 蜂窝纸板的动态压缩特性

1—毛毡；2—蜂窝纸板

(a)

(b)

图 5-51 蜂窝纸板缓冲垫

蜂窝纸板缓冲垫见图 5-51，其缓冲效果与纸板厚度有关（图 5-52）。厚度愈大，缓冲效果愈好。和瓦楞纸板相似，蜂窝纸板缓冲垫复原性很差，属于压溃型材料，其压力变形曲线见图 5-50。压缩量在 10%时压力达到最大值，其后呈蠕变状态。压缩量超过 70%时，载荷急剧上升，处于触底状态。其复原性比瓦楞纸板小，这是由于瓦楞是波形的，弹性较好。

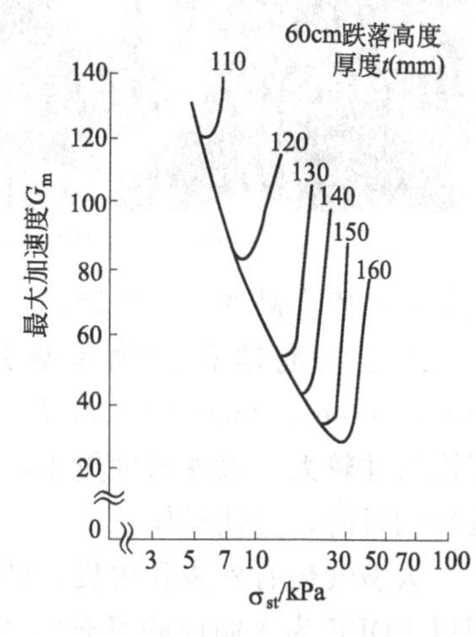

图 5-52 蜂窝纸板的最大加速度

与瓦楞纸板比较，蜂窝纸板加工难度大，不好模切，缓冲性能不及瓦楞纸板，价格也比瓦楞纸板贵。因此，蜂窝纸板只用于家具、平板玻璃、大型家用电器的缓冲包装。虽然不能说蜂窝纸板是完全的缓冲材料，但只要将纸板厚度加厚，就可以吸收极大的冲击能。因此，广泛应用于军用空投物资的缓冲。

六、纸浆模塑缓冲垫

纸浆模塑缓冲垫可以通过模具制造出各种规格、形状复杂的衬垫，能够适应各种产品的形状，便于隔离定位、防止互相碰撞。例如，蛋托（见图 5-53）和果托的曲面形状是鸡蛋、水果形状吻合的凹坑，一方面能承受鸡蛋、水果的重量；另一方面又能使鸡蛋、水果定位，相互保持一定间隙。

图 5-53 包装鸡蛋的纸浆模塑垫

图 5-54 机电产品的纸浆模塑垫

纸浆模塑缓冲垫有许多优点，但受壁厚限制，只能用于轻型机电产品的缓冲包装，见图 5-54。因为湿纸坯壁厚愈大，干燥愈困难，能耗愈多，成本愈高。将碎纸屑作为填料，与聚氨酯溶液混合，注入模具发泡成型，制成纸屑泡沫塑料垫，这种技术正在开发之中。

七、气泡薄膜缓冲垫

由两层塑料薄膜封合而成的气泡薄膜内部有密闭的空气，因而具有一定的弹性，可以作为缓冲材料。图 5-55 为一种气泡薄膜机。双层的薄膜从料卷上下来，充气后立即密封成了一个个的气袋。可以根据需要采用。

图 5-55 气泡薄膜机

小型气泡塑料薄膜是在两块塑料薄膜中间夹入空气热合而得，一层为平面，一层成型为圆柱形（ϕ9.5mm × 4.8mm）、半球（ϕ2.5mm × 6mm）、钟形（ϕ31.5mm × 13mm）等气泡。薄膜多采用隔阻性能好的 PE 与聚偏二氯乙烯的复合薄膜。每平方米的气泡数在 1000～10000 个之间，表观密度小，仅 0.008～0.030g/cm^3。具有耐腐蚀、耐霉变、化学稳定性好、不易破碎、无尘、防潮、不吸水、透明、柔软而不磨损内装物、缓冲性能优良等优点，特别适合轻型复杂形状易碎产品的缓冲包装。

中型气泡塑料薄膜呈袋形，规格有 20cm × 13cm、20cm × 20cm、20cm × 30cm、25cm×13cm、25cm×30cm 等。这种缓冲材料，具有小型气垫塑料薄膜相同的优点，只是气泡尺寸较大，表观密度更小，特别适合快速充填各种异形内装物与纸箱之间的空挡，达到缓冲的目的，方便操作。

大型气垫有外袋和内袋，外袋是用 PP 及 PE 覆膜的牛皮纸制成，坚韧而牢靠，内袋是用以 LDPE 为主制成的可充气的多层共挤塑料袋，可以用来充填集装箱或运输工具内的空挡，以保证包装件在通流过程中不会晃动受损，支撑保护的效果更好，比用泡沫塑料等传统填充方式更环保，可以反复使用。

八、橡胶缓冲垫

用集装架集装的平板玻璃既容易破碎，质量又很大，每架多达 3～5t。就力学性质来说，橡胶弹性好，抗压强度大最适合制作这类产品的缓冲垫。虽然橡胶价格较高，但对周转使用集装架来说，采用橡胶垫经济上仍是合理的。

1. 发泡橡胶

泡沫橡胶为均匀的微孔结构，密度小，重量轻，有极好的弹性，能注塑成各种形状的缓冲垫，其性能优于泡沫塑料，只因价格较贵，目前还没有得到广泛使用。

2. 橡胶黏结纤维

以橡胶为基料与黏合剂、以动植物纤维（猪毛、棕麻）为充填材料加工而成的缓冲材料称为纤维橡胶。橡胶与纤维都是良好的弹性材料，纤维与纤维及纤维与橡胶之间又有很大的空隙，因此，橡胶纤维弹性变形大，弹性恢复好，抗压强度高，适合包装精密仪器及军用贵重产品。

九、衬垫计算面积的分切与配置

产品不一定是正立方体，重心与形心也不一定重合，因此不能简单地将衬垫计算面积 A 平分至四角。分切面积 A 的主要依据是产品的形状、尺寸及重心位置，基本原则是合理配置分切后的计算面积，使产品在跌落冲击过程中作平动，使衬垫应力均匀分布。

1. 按重心位置分切与配置计算面积

设产品重心在正面位于中心，在侧面位于 O 点，见图 5-56。衬垫计算面积 $A=bd$，d 是正面长度，b 是侧面长度。将 A 分切为前后左右四块，前两块的面积为 b_1d，后两块的面积为 b_2d。用 P_1，P_2 表示前后衬垫作用于产品的反力，因为衬垫应力 σ 均匀分布，故

$$\left.\begin{aligned}P_1=\sigma b_1 d\\P_2=\sigma b_2 d\end{aligned}\right\} \qquad (5\text{-}14)$$

对重心 O 取力矩方程，得

$$\sum m_0(F)=0$$

$$-P_1l_1+P_2l_2=0 \qquad (5\text{-}15)$$

l_1，l_2 是两个反力至重心的距离。将式(5-14) 代入式(5-15)，得

$$\frac{b_1}{b_2}=\frac{l_2}{l_1}$$

因为 $b=b_1+b_2$ 由此可以求得分切后的前后尺寸 b_1，b_2。为了简单起见，可近似地取

$$l_1=L_1-\frac{b}{2}$$

$$l_2=L_2-\frac{b}{2}$$

衬垫计算面积 A 的分切配置见图 5-56。

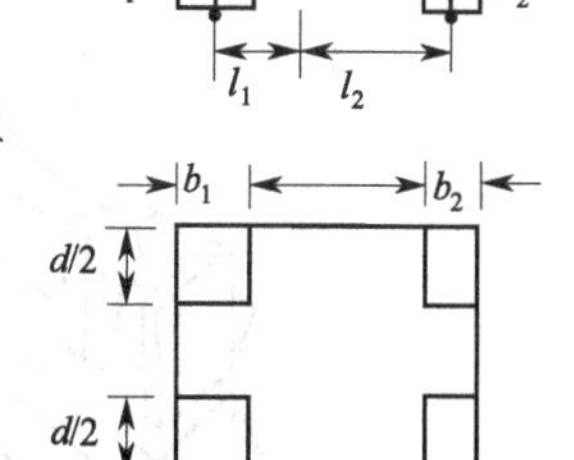

图 5-56　按重心位置分切与配置计算面积

2. 增设中间支撑，降低产品最大弯矩

有些产品很长，只在两端设置角垫，产品中心会产生很大的弯矩，很可能造成产品破损。

以图 5-57 为例，若只在两端设置角垫，则产品中心最大弯矩为

$$M_{\max}=\frac{1}{8}WL$$

如果将两端角垫分切，并将切下的部分向中间推移，就成为两个中间支承，其计算简图见图

5-57(a)。按照衬垫应力均匀分布的原则，两个中间支承的反力为

$$P_2=\frac{W(L^3-2b^2L+b^3)}{4bL(3L-4b)}$$

为了不使产品两端脱离衬垫，要求 $b>0.22L$。取 $b=0.3L$，则

$$P_2=0.39W$$

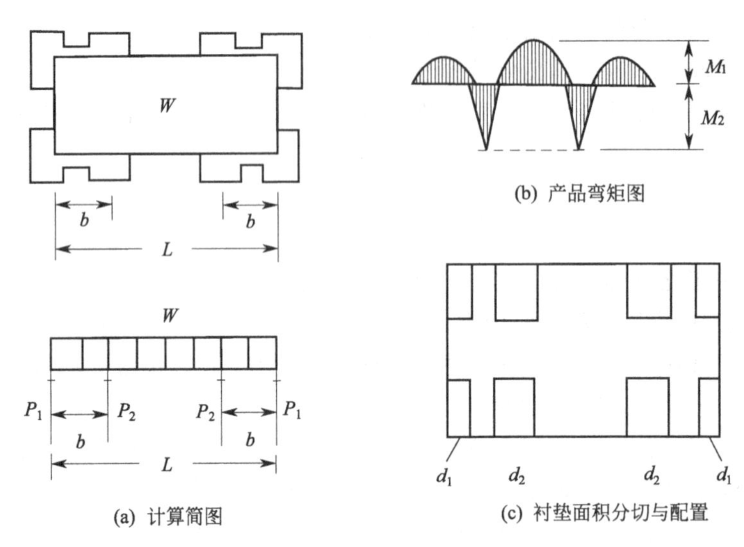

(a) 计算简图 (b) 产品弯矩图 (c) 衬垫面积分切与配置

图 5-57 增设中间支承

据此绘制的弯矩图见图 5-57(b)，产品中心及两支承处的弯矩分别为 $M_1=0.008WL$，$M_2=0.0012WL$。最大弯矩在两中间支承处，与只在两端设置角垫比较，最大弯矩减少了 90%，效果之佳可想而知。设 d 为产品正面的衬垫总长，d_1 表示两端衬垫正面长度，d_2 表示中间支承的衬垫正面长度，按图 5-57(c) 分切配置，应取

$$d_1=0.11d$$

$$d_1=0.39d$$

3. 用两点支承法使产品取最小弯矩

图 5-58 中 1 为细长产品，2 为瓦楞纸箱。在产品上捆扎两块柔性泡沫作横向缓冲，两端泡沫板材作纵向缓冲。按照材料力学的说法，这个细长产品的横向缓冲为两点支承，图 5-58(a) 是它的计算简图，图 5-58(b) 是产品的弯矩图，采用两点支承法应取 $b=0.207L$，使产品中心处的弯矩 M_1 等于两支承处的弯矩 M_2，且

$$M_1=M_2=0.0214WL$$

这是两点支承法的最小弯矩。若不捆扎在两个 $b=0.207L$ 处，而捆扎在两端，则最大弯

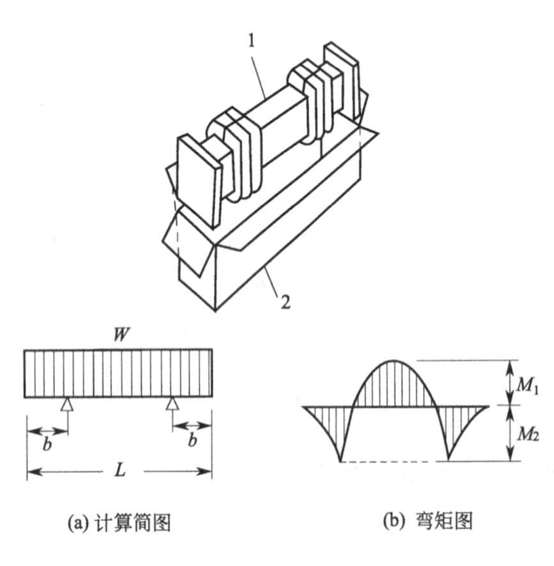

(a) 计算简图 (b) 弯矩图

图 5-58 两点支承法

矩 $M_{max}=0.125WL$，是最小值的 5.84 倍。

十、创造原型包装

缓冲包装设计包括设计瓦楞纸箱。按照结构设计制作几个样品，将产品、衬垫装入箱内，经封箱捆扎后形成包装件，这些包装件就称为原型包装，见图 5-59。

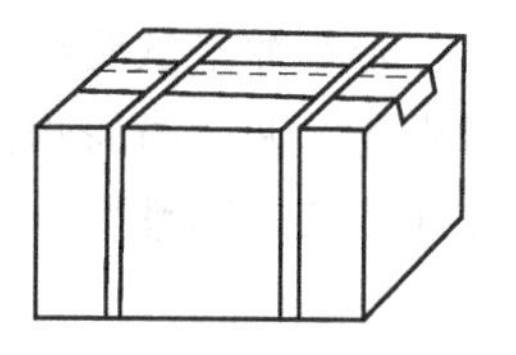

图 5-59 原型包装

第五节 试验原型包装

五步设计法的第五步是试验原型包装。缓冲包装设计是个非常复杂的问题：产品种类繁多，形状不规则，零部件很多，是极为复杂的振动系统；缓冲材料不但是非线性材料，而且是黏弹塑性材料，虽然缓冲包装的设计方法以实验室试验为主要手段，但因为忽略了许多结构因素，所以缓冲包装设计不可能像机械、建筑工程设计那样准确。因此，要按规定的环境条件对原型包装进行冲击、振动和压缩试验，合格后才能投入批量生产。否则，就要修改设计，再造原型包装，再进行试验，直至合格为止。

一、冲击试验

1. 跌落冲击试验

跌落冲击试验是对货物（包装件）装卸环境的模拟。因为人力装卸对货物的冲击远比叉车、起重机强烈，所以这项试验合格就能证明原型包装在流通过程中有抵抗垂直冲击的能力。

作跌落冲击试验的试验机有气垫式、吊钩式、翻板式和回转腕式等多种。图 5-60 是回转腕式跌落试验机。试样随货架提升至规定高度后，回转腕突然下降并回转收缩，让开试样，使其平直跌落在平整坚硬的地板上，图中的①、②、③和④分别表示试样从初始位置开始向下跌落的整个过程。试验后检查包装箱及箱内产品与衬垫，如果完好无损，这项试验就算合格。试验所取跌落高度已有国家标准，如表 5-2。

2. 水平冲击试验

水平冲击试验模拟的冲击环境是车辆紧急刹车和铁路货车碰钩挂接。试验方法有台车冲击试验、斜坡冲击试验和吊摆冲击试验，视设备条件任选其中一种。

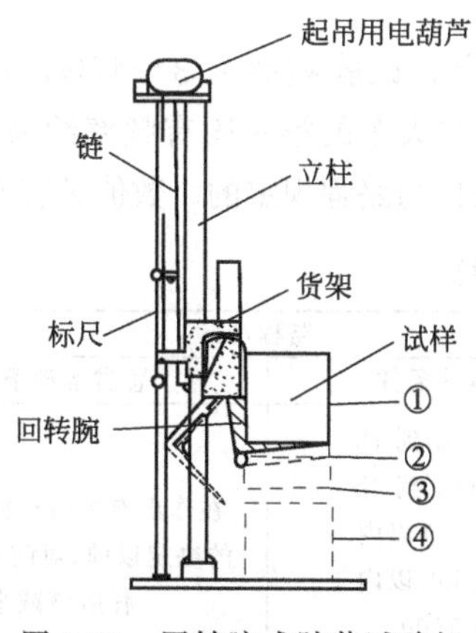

图 5-60 回转腕式跌落试验机

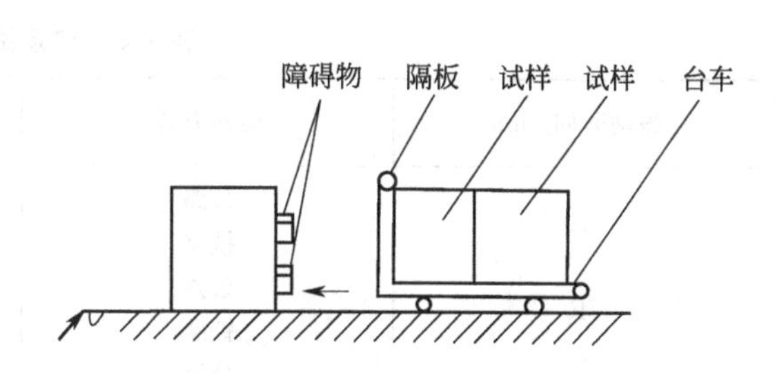

图 5-61 水平台车冲击试验

台车冲击试验如图 5-61 所示，试件固定在有动力传动的台车上，并以一定的速度冲击障碍物，调节障碍物内的缓冲器，可以获得预期的脉冲激励。这种设备可以改变冲击速度和缓冲器的反弹系数，因而可以获得各种不同的脉冲量。

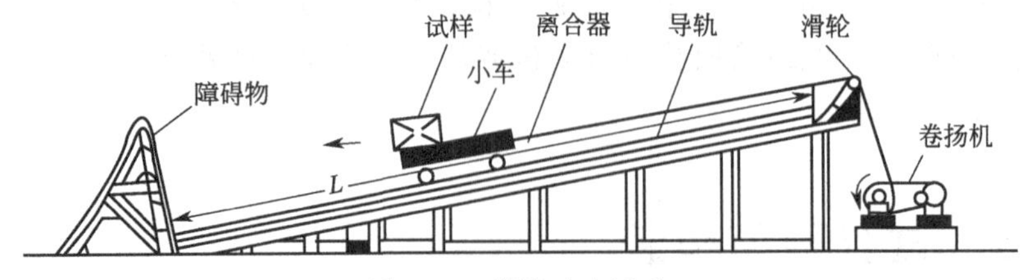

图 5-62 斜坡冲击试验

斜坡冲击试验见图 5-62，试样固定在小车上，卷扬机将小车提升至规定高度后，电磁离合器将小车突然释放，使小车沿斜坡的轨道自由冲向障碍物。为使试样直接受到冲击，试样应伸出小车前端一定距离。障碍物对试样冲击的强烈程度是由小车的冲击速度决定的。根据能量守恒定律，小车到达障碍物时的动能等于它在降落前的重力势能，故

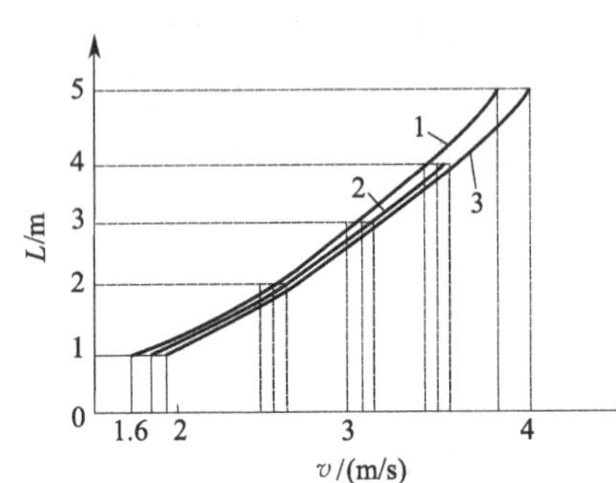

图 5-63 斜坡冲击试验性能曲线

1—空车速度；2—载重 100kg 时速度；3—理论速度

$$\frac{1}{2}mv^2=mgL\sin\alpha$$

因此小车冲击障碍物的速度为

$$v=\sqrt{2gL\sin\alpha}$$

式中，m 为小车与试样质量；L 为小车降落的倾斜距离；α 为斜坡倾角，v 与 L 的相关曲线如图 5-63 所示。

二、振动试验

振动试验的目的是检验在振动环境激励下原型包装有没有保护内装产品的能力。振动形式有定频振动、变频振动和随机振动。振动台有机械式、电动式和液压式三种类型，这三类振动台第二章已作介绍，这里不再赘述。

1. 定频振动试验

将试样按正常运输状态置于振动台上，一般不作固定，试验频率为 3～4Hz，加速度峰值为 (0.75±0.25)g。之所以作这样的规定，是因为汽车与火车的第一固有频率约为 3～4Hz，振动环境在这个频率比较强烈，试验持续时间是根据运输条件与路程规定的，数值见表 5-4。

表 5-4 定频试验持续时间

振动时间/min	运输方式	路程/km	
		正常运输条件	恶劣运输条件
10	公路	运输时间不到 1h	在作出有关振动持续时间的决定以前，对前项中的路程应该减半
	铁路	运输时间不到 3h	
40	公路	1000～1500 以内	
	铁路	3000～4500 以内	
60	公路	超过 1500	
	铁路	超过 4500	

2. 变频振动试验

做变频试验时，应将试样固定在台面上，使振动台的振动能全部传递给试样，振动台的频率由小到大或由大到小的变化过程称为扫频，变频试验规定变频范围为3～100Hz，扫频速度为每分钟1/2个频程，加速度峰值根据不同的运输条件在0.25g、0.5g和0.75g中选择。扫频方法有分点振动、线性扫频、分段线性扫频和指数扫频四种形式。线性扫频就是不论低频高频，试验经历的时间都一样，因此，低频振动的次数少、高频振动的次数多。产品中零件的应力循环次数与振动次数相同，循环次数愈多，零件破损的可能性愈大，所以线性扫频不能准确地评价原型包装对内装产品的保护能力。所谓指数扫频，就是频率f是时间t的指数函数。如果分别在低频和高频处取两个相等的频率间隔，它们对应的时间间隔是不等的，低频对应的时间长，高频对应的时间短，这样一来，无论是低频还是高频，零件在试验过程中振动的次数大体是相同的，其破损的可能性也是大体相等的，所以原型包装的变频试验大多采用指数扫频法。扫频试验通常要往返重复两次，目的是确定原型包装的共振频率。扫频之后，选择1～3个共振频率点，进行共振试验，每个点的共振试验持续时间为15min。

3. 随机振动试验

车辆、船舶和飞机在运输途中的振动不是正弦振动，而是随机振动，所以随机振动试验在缓冲包装设计中更具有现实意义。对于随机振动，无论进行多少次测试，都不会出现相同的结果，因此随机振动不可能用确定的时间函数描述。就各态历经的平稳随机振动而言，虽然各次测试获得的加速度时间函数不同，但经过富氏变换，由这些不同的时间函数获得的随机振动的功率谱密度曲线却是相同的。所以在进行随机振动试验时，设定的函数不是加速度-时间曲线$\ddot{x}(t)$，而是它的功率谱密度曲线$W(f)$，如图5-64所示。

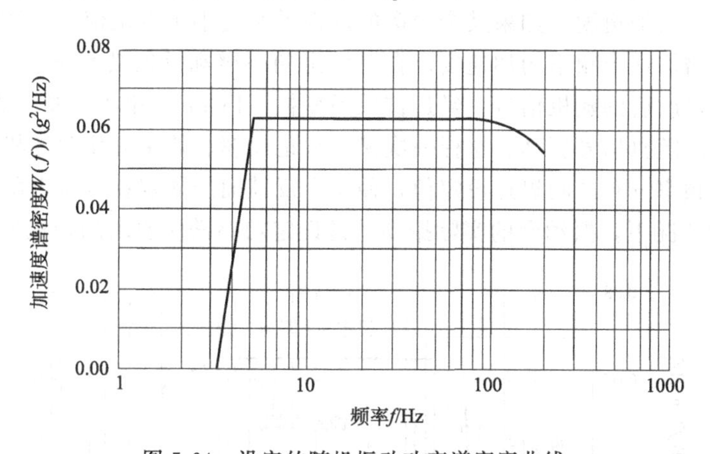

图5-64 设定的随机振动功率谱密度曲线

谈到随机振动试验，不能不提及TTF和ITTF这两个概念。TTF称为快速富氏变换，它是按照特定的算法编写的特定程序，随机振动的时间函数$\ddot{y}(t)$经过这个程序后能迅速变换为它的功率谱密度函数$W(f)$，见图5-65。ITTF称为快速富氏逆变换，它也是按照特定的算法编写的特定的程序，随机振动的功率谱密度函数$W(f)$经过这个程序后能迅速变换为它对应的时间函数$\ddot{y}(t)$。ITTF是TTF的逆运算，TTF与ITTF组成一个富氏变换对。TTF和ITTF已广泛应用于测试信号的分析中，有现成的程序，无需自己开发。

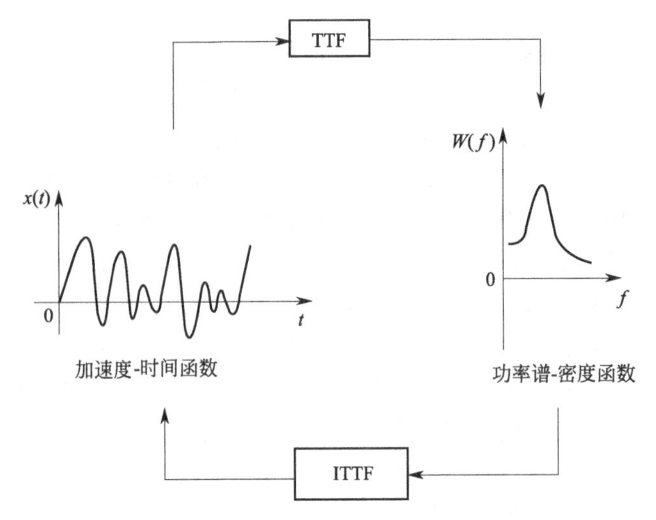

图 5-65 快速富氏变换（TTF）与逆变换（ITTF）

液压振动台随机振动试验的工作原理如图 5-67 所示。试验开始时，先将设定的功率谱密度曲线（图 5-66）输入振动台的程序控制计算机。该计算机通过随机信号发生器产生随机信号，并对功率谱进行富氏逆变换（ITTF），将它变换为加速度-时间函数，再通过功率放大器使振动台振动。安装在振动台上的加速度计的传感器上，将台面的实际振动情况反馈给控制计算机。该计算机对反馈信号进行富氏变换，将它变换为振动台实际振动的功率谱，简称为反馈功率谱。该机的均衡器比较设定功率谱和反馈功率谱，并根据比较的结果对随机发生器发出指令：如果某个频率的反馈谱密度大于设定值，均衡器就会对随机发生器发出指令，减小这个频率的加速度；如果某个频率的反馈谱密度小于设定值，均衡器也会对随机发生器发出指令，增加这个频率的加速度。在对设定功率谱和反馈功率谱进行比较和均衡后，随机发生器产生修改后的随机信号，经过富氏逆变换（ITTF）和功率放大器后输入振动台，使台面按修改后的随机信号振动。这样一次又一次地反馈、均衡和修改随机信号，最终使反馈功率谱在整个频率分布区间逼近设定值，使整个反馈曲线限定在设定上限与下限之间，见图 5-66。在这种情况下，振动台的实际振动就是设定功率谱所要求的随机振动。

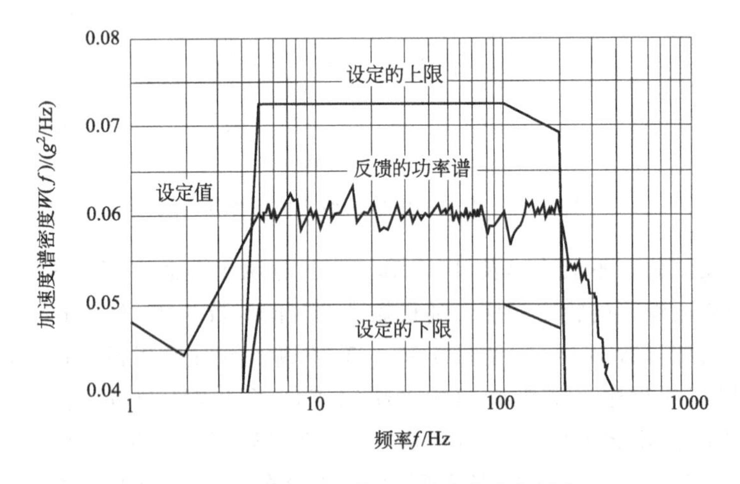

图 5-66 设定功率谱与反馈功率谱的平衡

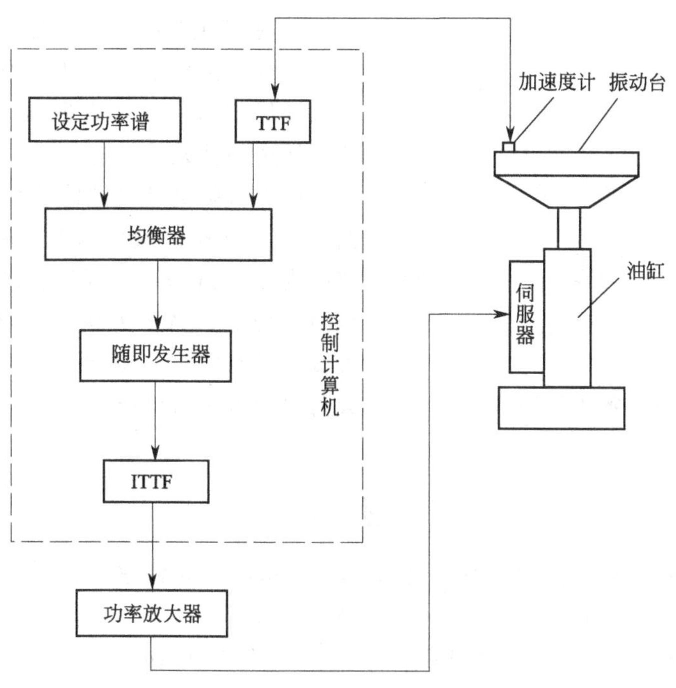

图 5-67 液压振动台随机振动试验工作原理

三、压缩试验

为了充分利用仓库与车船的有效空间，货物在储存与运输时都要向上堆码，因此上层的货物对最底层的货物产生一定的压力，这个压力称为堆码载荷。压缩试验就是要按照环境条件检验原型包装有没有能力承受规定的堆码载荷。

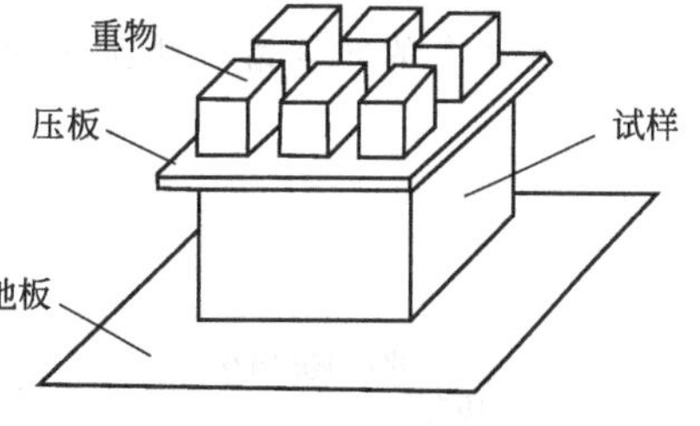

图 5-68 原型包装的堆码试验

1. 原型包装的堆码试验

原型包装的堆码试验见图 5-68，地板与压板都应该平整坚硬，载荷量按下式计算：

$$P=KW\left(\frac{H-H_0}{H_0}\right)$$

式中，H 为最大堆码高度（表 5-6）；H_0 为原型包装的高度；W 为原型包装的重量；K 为环境条件恶化系数，见表 5-5。

表 5-5 环境条件恶化系数

储存时间/月	1	1～3	3～6	6 以上
恶化系数 K	1.0	1.2	1.5	2.0

堆码试验持续时间见表 5-6，达到持续时间后，测量试样的变形，并对原型包装承受堆码载荷的能力作出结论。

表 5-6 堆码试验持续时间及其堆码高度

储运方式	基本值	适应范围
公路	1 天，2.5m	1～7 天，1.5～3.5m
铁路	1 天，2.5m	1～7 天，1.5～3.5m
水运	1～7 天，3.5m	1～28 天，3.5～7m
储存	1～7 天，3.5m	1～28 天，1.5～7m

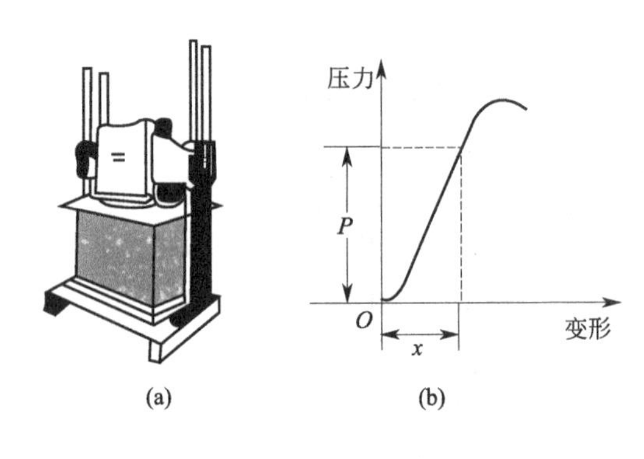

图 5-69 液压试验机和试验曲线

2. 原型包装的压力试验

检验原型包装承受堆码载荷的能力，既可以做堆码试验，也可以做压力试验，可以在二者中任选一种试验方法。

压力试验机有机械传动和液压传动两大类。图 5-69 是液压试验机示意图和试验曲线。加载速度为 10mm/min，可以自动记录试件所受的压力与变形。当压力达到规定的载荷量时，检查试样是否损坏，就可以对原型包装承受堆码载荷的能力作出评价。

习 题

1. 包装件内冲击记录仪测得的加速度 $G_m=55$，包装件中产品衬垫系统的固有频率 $f_n=25$Hz，试按线性理论计算与 G_m 对应的跌落高度。

2. 有两个包装件，一个质量为 18kg，另一个质量为 45kg，采用公路运输，试按表 5-2 确定这两个包装件的跌落高度。

3. 有两个包装件，一个质量为 20kg，另一个质量为 50kg，试按图 5-5 中概率为 1% 的曲线确定两个包装件的跌落高度。

4. 本书图 5-7 是汽车振动的加速度-频率曲线。将汽车振动的频率划分为 1～15Hz 和 15～100Hz两个区间，试根据图中的虚线确定汽车在这两个区间的加速度峰值。

5. 有轨车的功率谱密度曲线如题 5-5 图，试求这种有轨车的加速度均方值和均方根。

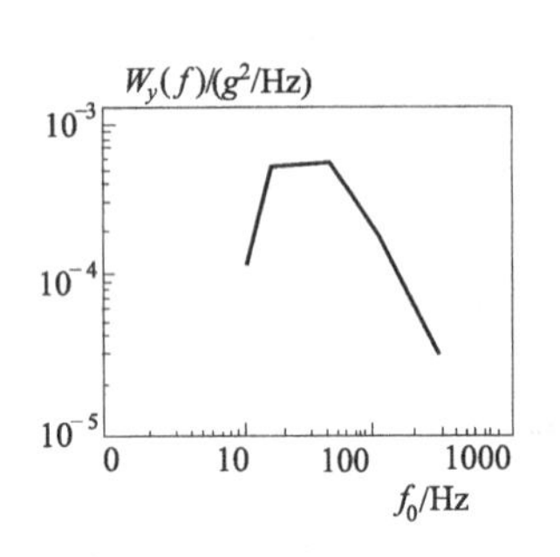

题 5-5 图 有轨车的功率谱密度

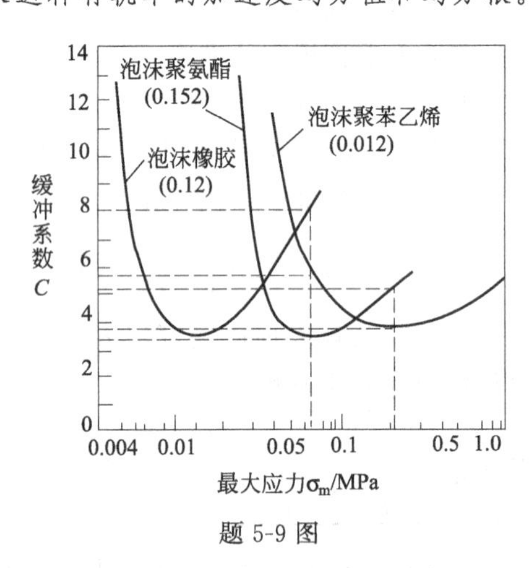

题 5-9 图

6. 用矩形脉冲测试产品脆值，已测得 $G=45$，产品临界速度改变量 $\Delta v_c=2$m/s，试求易损零件的极限加速度和固有频率。

7. 气垫式冲击机测试产品脆值用的是什么波形？碰撞机和跌落机测试产品脆值又是什么波形？用碰撞机和跌落机测出的产品极限加速度是不是产品脆值？它与产品脆值有什么关系？

8. 在本书图 5-30 中，易损零件共振时的放大系数 $\beta_{sm}=6.29$，试求这个零件的阻尼比。

9. 产品质量 $m=6\text{kg}$，产品脆值 $G=30$，产品底面积为 30cm×30cm，设计跌落高度 $H=100\text{cm}$，试在题 5-9 图中选用缓冲材料对这个产品作全面缓冲并计算衬垫厚度。

10. 产品质量 $m=20\text{kg}$，产品脆值 $G=50$，产品底面积为 32cm×32cm，设计跌落高度 $H=60\text{cm}$，这个产品能不能选题 5-9 图中的 $\rho=0.152\text{g/cm}^3$ 泡沫聚氨酯作局部缓冲？为什么？如果不能，应在题 5-9 图中选用哪种材料？并计算衬垫面积与厚度。

11. 产品质量 $m=15\text{kg}$，产品脆值 $G=65$，设计跌落高度 $H=60\text{cm}$，产品底面积为 1380cm^2，试在题 5-9 图中选用一种材料对这个产品作全面缓冲，并求衬垫厚度。

12. 产品质量 $m=18\text{kg}$，产品脆值 $G=48.5$，设计跌落高度 $H=60\text{cm}$，试根据本书图 5-27 所示缓冲材料确定衬垫面积与厚度。

13. 采用全面缓冲的包装件以不同姿态跌落的产品最大加速度是不同的。取衬垫厚度 $h=5\text{cm}$，试根据本书图 5-28 (a)，求包装件平跌落、角跌落和棱跌落的产品最大加速度。

14. 本书图 5-31 和图 5-32 是通过正弦振动试验实测产品衬垫系统的幅频曲线，试从两图中任选五例说明系统的固有频率和阻尼比。(提示：共振时的放大系数 $\beta_{\max}=\frac{1}{2\zeta}$)。

15. 产品质量 $m=20\text{kg}$，衬垫面积 $A=838\text{cm}^2$，衬垫厚度 $h=5\text{cm}$，缓冲材料密度 ρ 为 0.024g/cm^3 的泡沫聚氨酯，通过正弦振动试验实测的幅频曲线如本书图 5-31。已知振动环境的加速度峰值为 $\ddot{y}_{\text{m}}=1.5g$，激振频率 $f=1\sim100\text{Hz}$，试求产品共振时的加速度峰值。

16. 产品质量 $m=17\text{kg}$，衬垫面积 $A=890\text{cm}^2$，缓冲材料密度 ρ 为 0.024g/cm^3 的泡沫聚氨酯，通过正弦振动试验实测的产品衬垫系统幅频特性曲线如本书图 5-31。欲使系统的固有频率 $f_{\text{n}}=28\text{Hz}$，试求衬垫厚度。设振动环境的激振频率 $f=2\sim10\text{Hz}$，加速度峰值 $\ddot{y}_{\text{m}}=2g$，试求产品共振时的加速度峰值。

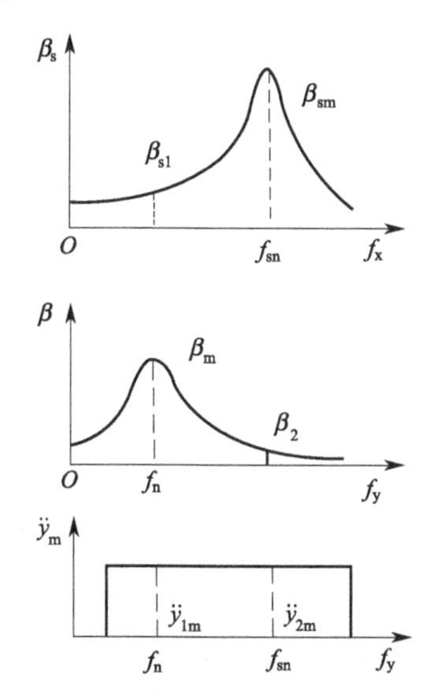

题 5-17 图　零件两次共振的计算方法

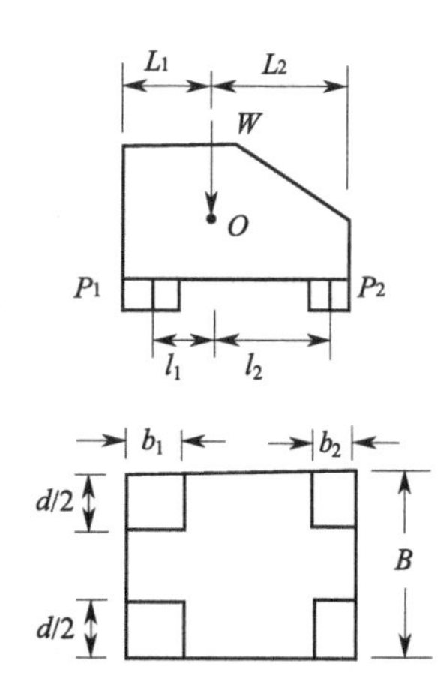

题 5-18 图　按重心位置分切与配置计算面积

17. 参见题 5-17 图。产品衬垫系统的固有频率 $f_{\text{n}}=25\text{Hz}$，对振动环境共振时的放大系数 $\beta_{\text{n}}=4.6$，易损零件的固有频率 $f_{\text{sn}}=58\text{Hz}$，对产品共振时的放大系数 $\beta_{\text{s}}=5.7$，产品衬垫系统与 β_{s} 对应的放大系数 $\beta_2=0.26$，易损零件与 β_{m} 对应的放大系数 $\beta_{\text{s1}}=1.3$，振动环境的激振加速度 $\ddot{y}_{\text{m}}=2g$，试求易损零件对振动环境两次共振时的加速度。

18. 参见题5-18图。产品质量 $m=20\text{kg}$，产品脆值 $G=50$，设计跌落高度 $H=60\text{cm}$，缓冲材料的 $C\text{-}\sigma_m$ 曲线如本书图5-27，试求衬垫面积与厚度。产品长度 $L=45\text{cm}$，宽度 $B=40\text{cm}$，决定产品重心位置的 $L_1=18\text{cm}$，$L_2=27\text{cm}$。衬垫宽度方向的尺寸 $d/2=\frac{1}{2}B$，为了使四角衬垫上的应力均匀分布，试确定产品长度方向的尺寸 b_1 和 b_2。

19. 快速富氏变换TTF将________________变换为________________________，快速富氏逆变换ITTF将____变换为____________________。

参 考 文 献

汤伯森，向红．包装动力学．长沙：湖南大学出版社，2001．